入門
新高分子科学

大澤善次郎 著

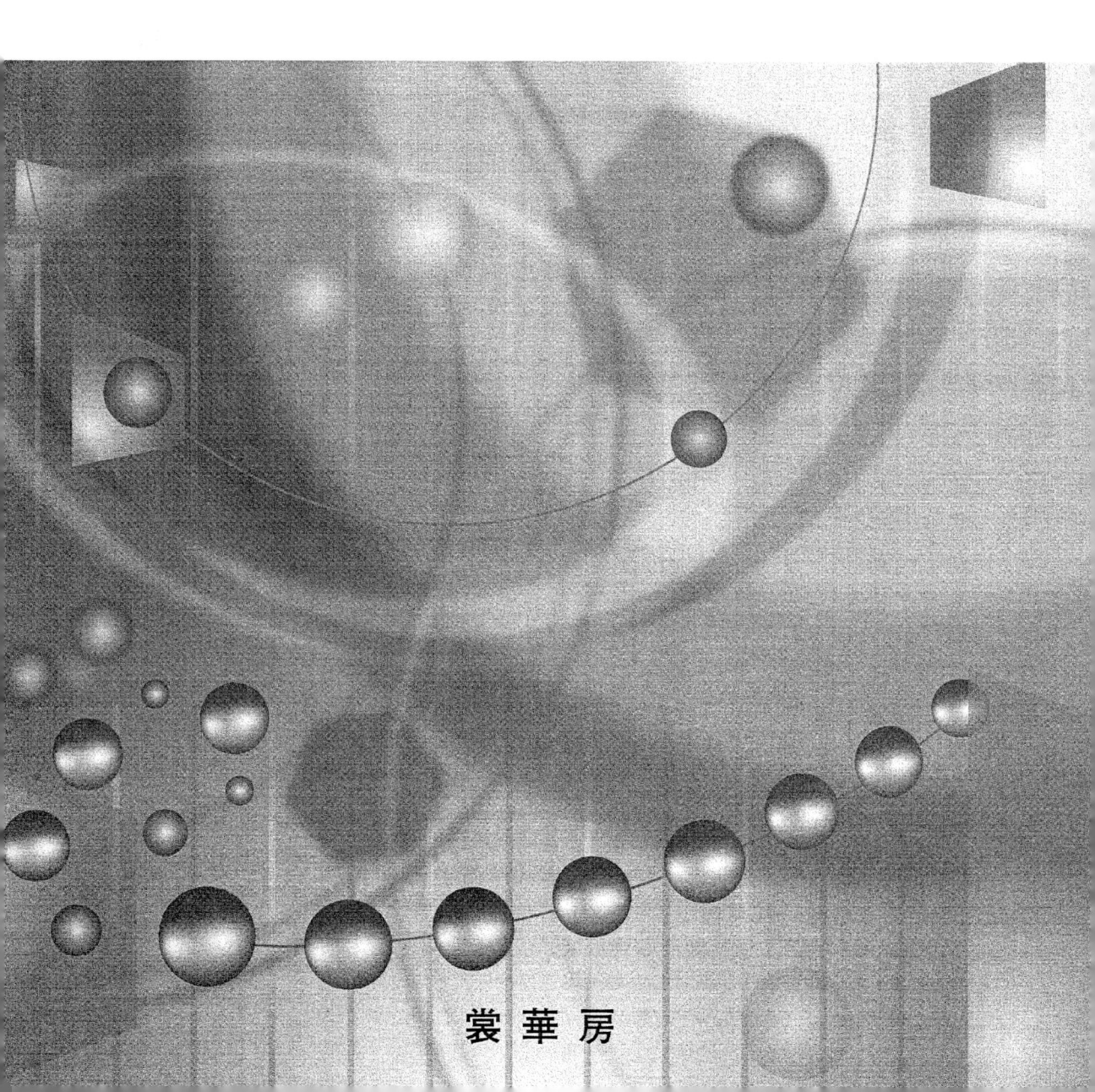

裳華房

Introduction to New Polymer Science

by

Zenjiro Osawa, Dr. Eng.

SHOKABO
TOKYO

はじめに

　高分子化合物がとてつもなく大きな分子からできていることが明らかにされて以来既に一世紀が過ぎ，高分子科学は飛躍的な発展を遂げてきた．そして高分子製品は日常生活や産業・農業分野をはじめ宇宙・航空，電子・情報，医用分野などに普及し，人類が豊かな文明を享受するために大きな貢献をしてきた．一方，地球的規模での資源・エネルギーや環境汚染など早急に解決すべき課題をかかえ，21世紀は循環型・低炭素社会の構築を目指し大きく変貌しつつある．

　このような流れの中で，発展の一途をたどり成熟期を迎えた高分子科学を，自然界の物質循環の観点から見直す必要性を痛感し，前著『入門 高分子科学』の大幅な追加・訂正を思い立った．新書は，序章の追加および天然高分子や最新の高分子合成などをくわしく解説し，2年半余かけて原稿をまとめ，ここに出版社・裳華房のご理解とご協力を仰ぎ『入門 新高分子科学』として上梓の運びになった．

　新書では序章を設け，自然界の物質の循環とエネルギーの流れおよび高分子物質の循環型社会における位置づけについて概説した．

　第1章：高分子の概念が理解できるよう，高分子の定義，分類，一般的な特性などについて解説した．

　第2章：天然高分子についてくわしく解説した．まず天然高分子の由来について，植物の炭酸同化および窒素同化作用とそのしくみの基本的なことがらについて説明した．ついで植物由来の高分子であるセルロース，デンプンなどの多糖類および天然ゴム，さらに動物由来の高分子であるタンパク質を構成するアミノ酸とその立体構造および絹と羊毛について説明した．最後に核酸および微生物産生高分子など，生体高分子の自然界における役割・位置づけを解説した．

　第3章：天然高分子と合成高分子の特徴を比較した後，重合反応の基本的な逐次重合，連鎖重合，付加重合，開環重合について順次説明した．ついで近年進歩のめざましい配位重合について，チグラー–ナッタ触媒，$MgCl_2$担持型 Ti 触媒，メタロセン触媒，FI 触媒–超高活性ポストメタロセン触媒など，最先端の研究を紹介した．さらに，具体的に高分子を合成する重合方法について概説した．

第4章：高分子が多様な化学反応により高性能化，高機能化されることを示した．また，分解反応や酵素反応，高分子の劣化と環境問題，さらには生分解性高分子についても説明した．

第5章：高分子を改質することにより付与される機能を，化学的機能，物理的機能および医療・医用機能に分け，それぞれ代表的な例，たとえば海水の淡水化，高吸水性，導電性，感光性，情報記録・伝達材料，情報の映像化（有機EL）機能の付与やコンタクトレンズ，手術用縫合糸，眼内レンズ，人工臓器などについて説明した．

第6章：高分子固体の構造の代表的な解析法である赤外分光分析，X線回折および熱分析の基本を簡単に説明し，それらの分析例を示した．また，高分子の結晶構造および形態ついて説明し，具体的な写真などを示した．

第7章：高分子固体のガラス転移，融解などを含めた熱的性質，および応力緩和現象，粘弾性などの力学的性質について説明し，高分子材料の特性に関与する高分子の合成，固体構造および固体物性の関係について考察した．

第8章：高分子の溶解現象を簡単に述べた後，高分子の溶媒に対する溶解性の理解を深めるために，熱力学的な観点から説明した．さらに，物質の凝集エネルギー密度と溶解性パラメーターや接着強度などにより接着現象が説明できることを示した．

第9章：高分子の分子量の表し方，および個々の分子量測定方法の原理について解説した．とくに，近年普及のめざましいゲルパーミエーションクロマトグラフィー（GPC）についてはくわしく説明した．

この入門書が，学生はじめ，これから高分子研究に携わろうとする技術者にとって，高分子科学の基礎と同時に，自然界における高分子の役割の理解に役立ち，さらに，深遠な高分子の世界へ進まれる契機になれば幸いである．

最後に本書を執筆するに当たり，多数の専門書を参考の上，一部，図，表などを引用させていただいた．該当箇所を本文中に肩番号で記した．これらの参考文献を巻末に掲載し，著者らおよび各出版社に深謝する．

また，本書の上梓に当たり，多くのご助言とご支援を賜った出版社・裳華房編集部 細木周治部長，小島敏照，山口由夏両氏に衷心より御礼申し上げる．

平成21年　初夏

著　者

目　　次

序章　自然界における物質循環と高分子
   1　自然界の物質循環とエネルギーの流れ　1
     1-1　物質の循環とエネルギーの流れ　2
         生物群集　2　　無機的環境　3　　生物群集の無機的環境への作用　3
         エネルギーの流れ　3
   2　高分子物質の循環　5
     2-1　天然高分子の循環　5
         植物由来の高分子　6　　動物由来の高分子　6
     2-2　合成高分子の循環　6
     2-3　生分解性高分子　7
   3　循環型社会における高分子の役割　7
   column　生態系と仏教思想　8

第1章　高分子の概念
   1　分子の生成と高分子　9
     1-1　分子とその集合体　9
     1-2　高分子の定義　9
   2　分子量と物性　10
   3　高分子の分類　13
     3-1　産出状態による分類　14
     3-2　構造・形態による分類　14
     3-3　合成方法による分類　14
     3-4　材料の性質・用途による分類　15
   4　高分子の一般的性質　15
     4-1　力学的性質　15
     4-2　熱的性質　16
     4-3　溶解性　16

5　分子量の多分散性と平均分子量　17
  6　高分子の分子構造　18
    6-1　一次構造　18
    6-2　高次構造　19
    6-3　結晶性と非晶性　20
  7　高分子の特性に関係する因子　21

第2章　天然高分子の生成

  1　天然高分子の由来　22
  2　植物の同化作用　23
    2-1　植物の同化作用　23
    2-2　光合成のしくみ　24
    2-3　窒素同化のしくみ　28
  3　炭水化物　30
    3-1　単糖類の命名法と立体化学　31
    3-2　単糖類と二糖類　33
        単糖－五炭糖　33　　単糖－六炭糖　34　　二糖類　35
        窒素を含む単糖　36
    3-3　多糖類　37
        セルロース　37　　ヘミセルロースとリグニン　39　　デンプン　40
        グリコーゲン　41　　再生セルロース　41　　セルロース誘導体　41
    3-4　天然ゴム　42
  4　タンパク質　43
    4-1　構成アミノ酸　43
    4-2　タンパク質の生成　44
    4-3　タンパク質の分類　45
    4-4　タンパク質の立体構造　45
  5　核　酸　47
    5-1　核酸の成分と構造　47
    5-2　核酸の種類と機能　50
        DNA　50　　RNA　50
  6　動物由来の繊維　50
    6-1　絹　50
    6-2　羊　毛　52
  7　微生物産生高分子　53
    7-1　バイオセルロース　53
    7-2　カードラン　54

  7-3　プルラン　54
  7-4　微生物産生ポリエステル　54
  7-5　植物を原料とする高分子　56
 column　ナノセルロース　56

第3章　合成高分子の生成

 1　天然高分子と合成高分子の特徴の比較　57
 2　重合反応機構による分類　58
  2-1　逐次重合　58
  2-2　連鎖重合　59
 3　逐次重合　59
  3-1　重縮合　59
    ポリアミド　59　　ポリエステル　61　　シリコーン　62
    耐熱性高分子（エンジニアリングプラスチック）　63
  3-2　重付加　65
  3-3　付加縮合　66
    フェノール樹脂　66　　尿素樹脂　67　　メラミン樹脂　67
  3-4　逐次重合の特徴　67
    反応度と分子量　67　　反応度と数平均重合度　68
    官能基の等量性と数平均重合度　69　　官能性度とゲル化　70
 4　連鎖重合　71
  4-1　付加重合　71
    ラジカル重合　71　　ラジカル共重合　79　　イオン重合　83
  4-2　開環重合　87
 5　配位重合　88
  5-1　背景　89
  5-2　チグラー-ナッタ触媒　89
  5-3　$MgCl_2$担持型 Ti 触媒　92
  5-4　メタロセン触媒　93
  5-5　FI 触媒－超高活性ポストメタロセン触媒　93
  5-6　世界のポリオレフィン生産量　94
 6　重合方法　95
  6-1　気相重合　95
  6-2　液相重合　95
    塊状重合　95　　懸濁重合　95　　乳化重合　96　　溶液重合　97
  6-3　固相重合　97

第4章 高分子の反応

1 高分子と低分子の反応　99
  1-1 官能基の導入反応　99
  1-2 側鎖の置換と脱離反応　100
        セルロース誘導体の生成　100　ポリビニルアルコールの生成　101
  1-3 グラフト重合反応　101
2 高分子内の反応　102
  2-1 環化反応　102
        ポリビニルアルコールのアセタール化　102
        ポリアクリロニトリルの環化　103
  2-2 脱離反応　103
3 高分子間の反応　103
  3-1 架橋反応　103
  3-2 鎖延長反応　104
4 高分子の分解反応　104
  4-1 重縮合系高分子　104
  4-2 連鎖重合系高分子　105
        酸素存在下の反応　105　酸素不在化の反応　105
5 酵素反応　108
  5-1 酵素の構造と基質特異性　108
  5-2 酵素反応の特徴　108
        触媒作用　108　熱と酵素の活性　110　pHと酵素の活性　111
        薬物と酵素の活性　111
  5-3 酵素の種類　112
6 高分子の劣化と環境問題　112
  6-1 背　景　112
        マテリアルリサイクル（再生利用）　113
        ケミカルリサイクル（熱分解利用）　114
        サーマルリサイクル（燃焼エネルギーの利用）　114
        分解性高分子の利用　114
  6-2 光分解性高分子　114
  6-3 生分解性高分子　114
  6-4 微生物による分解機構　115
        ポリカプロラクトンの分解機構　117　微生物とは　117

第5章 機能性高分子

1 材料の機能　119

    2　化学的機能　119
　　2-1　イオン交換樹脂　119
　　2-2　分離膜　121
　　　　　　イオン交換膜　121　　各種分離膜の比較　121
　　2-3　高分子凝集剤　124
　　　　　　カチオン性凝集剤　124　　アニオン性凝集剤　124　　中性凝集剤　124
　　2-4　高吸水性高分子　125
　　2-5　高分子触媒　125
　　2-6　固定化酵素　125
　　　　　　化学的固定化法　127　　物理的固定化法　128
　　　　　　固定化酵素の応用分野　130
    3　物理的機能　130
　　3-1　導電性高分子　130
　　3-2　感光性樹脂（フォトレジスト）　132
　　3-3　情報記録・伝達材料　133
　　　　　　光ファイバー　133
　　3-4　情報の映像化　133
　　3-5　機能性複合材料（ナノコンポジット，ナノハイブリッド）　134
    4　医療・医用機能（生体代替機能）　135
　　4-1　コンタクトレンズ　135
　　4-2　手術用縫合糸　136
　　4-3　眼内レンズ　136
　　4-4　人工臓器　137

第6章　高分子固体の構造

    1　高分子の構造解析　138
　　1-1　赤外分光分析　138
　　　　　　光の波長とエネルギー　138　　分子の振動エネルギー　140
　　　　　　高分子の赤外吸収スペクトル　140
　　1-2　X線回折法　142
　　　　　　X線回折の原理　142　　結晶系と格子定数　142
　　　　　　高分子のX線回折　143
　　1-3　熱分析　144
　　　　　　熱重量分析　144　　示差熱分析　145
    2　高分子の結晶構造　146
　　2-1　結晶中の高分子鎖の形態　146
　　2-2　高分子の結晶構造　147

2-3　結晶化度　147
　3　高分子の形態　148
　　　3-1　高分子鎖の凝集様式　148
　　　3-2　高分子の房状ミセル構造　149
　　　3-3　高分子の単結晶　149
　　　3-4　高分子の球晶　150
　　　3-5　高分子の伸び切り鎖状結晶　152
　　　3-6　高分子の液晶　152

第7章　高分子固体の性質

　1　高分子の熱的性質　155
　　　1-1　物質の転移温度　155
　　　1-2　高分子の分子運動　155
　　　　　　高分子のガラス転移温度　156　　高分子の融点　156
　2　高分子固体の力学的性質　158
　　　2-1　応力-ひずみ曲線　158
　　　2-2　代表的高分子の引張り強さと伸び　159
　3　高分子固体の粘弾性　159
　　　3-1　粘弾性　159
　　　3-2　マクスウェル模型の応力緩和　161
　　　3-3　フォークト模型の遅延時間　163
　　　3-4　動的粘弾性　163
　4　高分子製品の性質と高分子の合成，固体構造および固体物性の関係　164

第8章　高分子溶液の性質

　1　高分子溶液の概念　166
　　　1-1　溶液とは　166
　　　1-2　理想溶液からのずれ　166
　　　1-3　高分子の溶解過程　167
　　　1-4　良溶媒と貧溶媒　168
　2　溶解力　169
　　　2-1　熱力学の復習　169
　　　　　　熱力学の第1法則（内部エネルギー）　169　　エンタルピー　170
　　　　　　熱力学の第2法則（エントロピー）　170
　　　2-2　溶解の熱力学　171
　　　　　　自由エネルギーの変化　171　　エンタルピー変化（混合熱）　172
　　　　　　エントロピー変化と温度効果　173

2-3　凝集エネルギー密度と溶解性パラメーター　174
　　2-4　接着強度と溶解性パラメーター　176
　3　溶液濃度と高分子鎖の相互作用　179

第9章　分子量の決定方法
　1　高分子の多分散性と平均分子量　180
　　1-1　数平均分子量　181
　　1-2　重量平均分子量　181
　　1-3　Z平均分子量　182
　　1-4　粘度平均分子量　182
　　1-5　分子量分布　183
　2　分子量の測定方法　184
　　2-1　末端基定量法　184
　　2-2　束一的測定法　185
　　　　　主な測定法　185　　浸透圧法　186
　　2-3　粘度法　187
　　　　　粘度の表現法　188　　分子量と極限粘度 $[\eta]$ の関係　189
　　2-4　ゲルパーミエーションクロマトグラフィー (GPC)　190
　　　　　高速液体クロマトグラフィー (HPLC)　190　　GPCによる分離　190
　　　　　GPCのクロマトグラムからの分子量計算　192
　　　　　低角度レーザー光散乱検出器 (LALLS) -GPC　194

参考文献　195

索引　198

序章

自然界における物質循環と高分子

　私たちの棲んでいる地球の表面は，陸地と海からなり，大気によって囲まれている．そこに，いろいろな生き物（生物群集）が，限られた地域で無機的環境（大気，水，土壌など）と密接にかかわり合いながら，まとまりのある体系（生態系）をつくっている．この生態系は生物群集と無機的環境に分けられ，次のような構成要素からなっている．

$$
\text{生態系}\begin{cases}\text{生物群集}\begin{cases}\text{生産者（緑色植物）：無機物から有機物を生成する}\\\text{消費者（動物）：有機物を消費する}\\\text{分解者（微生物）：有機物を分解し，無機物に還元する}\end{cases}\\\text{無機的環境}\begin{cases}\text{棲息要素と成分：光，熱，大気（}N_2\text{，}O_2\text{，}CO_2\text{，}H_2O\text{ など）}\\\qquad\qquad\qquad\text{土壌成分}\\\text{棲息基盤（陸地・海）：岩・石・砂・土，海洋・河川・湖沼}\end{cases}\end{cases}
$$

　序章では，このような自然界における物質の循環のしくみおよび本書で学ぶ高分子物質の循環について概説する．

1　自然界の物質循環とエネルギーの流れ

　自然界では，生物群集の中の生産者である緑色植物が，光のエネルギーを利用して無機物の二酸化炭素，窒素，水などから有機物を産生している．消費者である動物は，その植物を捕食しながら世代の交代を繰り返している．分解者である微生物は，それらの排泄物や死骸を分解し，無機的環境へ再び戻している．このようにして生態系では，古いものが常に新しいものと入れ替わり，物質の循環が繰り返されている．

　ここでは，生態系を構成する各要員の役割とそれらの相互関係について説明する（図 0-1）．

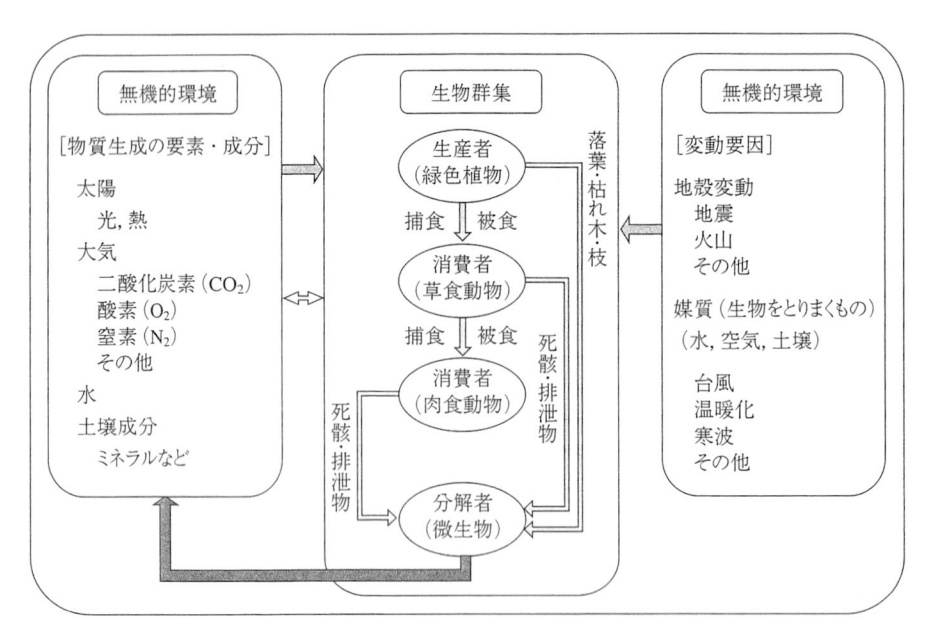

図 0-1 自然界における物質の循環

1-1 物質の循環とエネルギーの流れ

このような自然界における物質の循環とエネルギーの流れの相互関係を図 0-1 に示す．

1-1-1 生物群集

生き物の集まりである生物群集は，生産者（緑色植物），消費者（草食動物・肉食動物）および分解者（微生物）からなっている．

生産者 の植物は，大気中の二酸化炭素（CO_2），窒素（N_2）および土壌中の水（H_2O），ミネラルなどを取り込み，光のエネルギーを利用して光合成により有機物を産生している．

消費者 の動物は，生産者がつくった有機物（植物）を摂取する草食動物と，その草食動物を摂取する肉食動物に大まかに分けられる．動物は哺乳動物から鳥，魚，昆虫など多種多様であるが，食物連鎖の下位にいる動物は上位の動物により摂取される．このような食物連鎖により，上位の動物になるほど個体数は少なくなっている．

分解者 の微生物（菌類・細菌など）は，植物の落葉・枯れ木・枝や動物の死骸・排泄物などの有機物を分解し，無機物に還元する働きをしている．そのため微生物の生態系における役割はきわめて大きく，微生物によって自然界の物質は円滑に循環している．しかし，今日のように廃棄物が増加し，微生物による処理が追いつかな

くなると，自然環境は破壊され，生物群集の生存が脅かされるようになる．

生物群集はさまざまな地球環境に適応し，進化しながらそれぞれ生きながらえてきたが，太陽なくしてはその存在はあり得ないことはいうまでもない．

1-1-2 無機的環境

無機的環境は，陸地と海，および生態系を構成する基本的な要素である大気中の窒素（N_2），酸素（O_2），二酸化炭素（CO_2），水分（H_2O）などや，土壌中のミネラルなどからなる．これらの成分は生態系を循環して再生される．また，水のように気象状態に応じて降雨と蒸発を繰り返すものもある．これに加えて，地球上の生きとし生けるものの源である別格の太陽があげられる．

地球環境は，人智の及ばない地殻の変動がもたらす地震や火山活動，さらには台風・温暖化・寒波などの異常気象によって，生物群集にしばしば大きな影響を及ぼしている．

1-1-3 生物群集の無機的環境への作用

生物群集は大気中の CO_2 を取り込み植物を産生し，その過程で O_2 を放出している．また呼吸により O_2 を取り込み，再び CO_2 を放出している．このようにして生態系の CO_2 と O_2 のバランスは保たれている．

しかし，近年の人口の急激な増加と活発な社会活動によって，地球が長年にわたって築き上げてきた生態系が崩れようとしている．化石燃料の大量消費は，CO_2 の大量放出による地球の温暖化や，廃棄物による環境破壊など多くの問題を起こしている．

1-1-4 エネルギーの流れ

生態系における物質循環は，いうまでもなく太陽エネルギーによってもたらされている．地球から約1億5千万kmの彼方にある太陽は，核融合反応によって莫大な熱エネルギー（9×10^{25} cal/sec）を表面から放射している．このうち地球が受け取る熱エネルギーは，約22億分の1にすぎない．しかも，この地球上に注がれているエネルギーのうちわずか約1％が生産者の植物によって化学エネルギーに変換されるにすぎず，大部分は海水などの蒸発のエネルギー源となり，気象変化をもたらしている．

緑色植物によって吸収されたエネルギーは，物質の流れに乗って動物の一次消費者，二次消費者，三次消費者へと高次の栄養段階の生物に受け渡されていくが，一つ上の段階の生物が利用できるエネルギーは，ほぼ一桁ずつ減少する．さらに分解

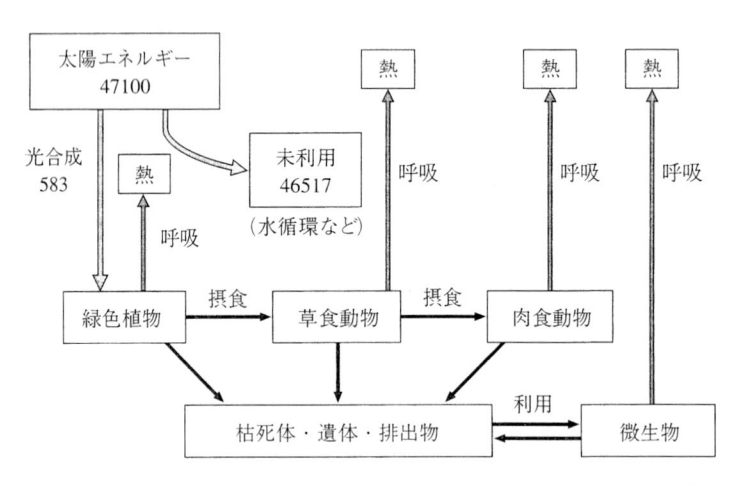

図 0-2 生態系におけるエネルギーの流れ（放置された耕地（米国）の例（cal/cm^2・年））[2]〜[4]

者の微生物に利用され，最終的には自然界に放散していく．また，地殻の変動などによってもたらされる莫大なエネルギーは，生態系にさまざまな影響を及ぼしている．このように，生態系におけるエネルギーは循環せずに一方的な流れである．

例えば，図 0-2 に示したように，北アメリカの放置された耕作地に注がれる太陽エネルギー，47100 cal/cm^2・年 は，緑色植物の光合成に約 583 cal/cm^2・年 が利用されるにすぎず，残りの 46517 cal/cm^2・年 は水の循環などの気象変化のエネルギー源となる．

さらに，食物連鎖の流れに沿ってみると，図 0-3 のようになる．すなわち，緑色植物によって取り込まれたエネルギー 480 cal/cm^2・年* は，一次消費者の草食動物（植食性無脊椎動物など）に摂取され約 41.6 cal/cm^2・年 になり，二次消費者の肉食動物（クモ・アリ・肉食性甲虫など）に摂取されると約 2.3 cal/cm^2・年 になる．三

三次消費者	0.3	肉食動物（鳥・モグラなど）
二次消費者	2.3	肉食動物（クモ・アリ・肉食性甲虫など）
一次消費者	41.6	草植動物（植食性無脊椎動物など）
生産者	緑色植物（480）	

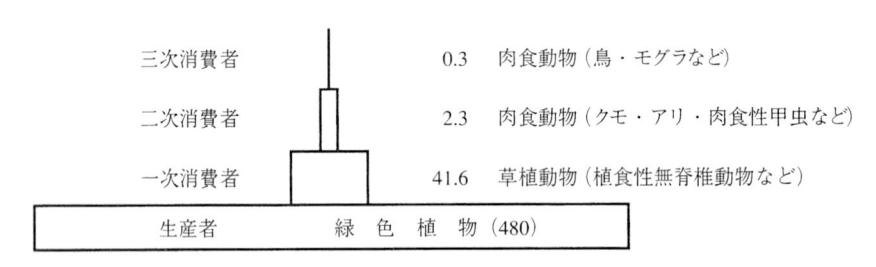

図 0-3 緑色植物が取り込んだエネルギーの消費の流れ（単位は cal/cm^2・年）[2]〜[4]

* 図 0-2 中の数値と一致しないが，ほぼ等しいとみなしてよい．

次消費者の肉食動物（鳥・モグラなど）に摂取されると，さらに約 $0.3\,\mathrm{cal/cm^2\cdot 年}$ になる．

2　高分子物質の循環

　私たちの暮らしに欠かせない高分子物質も生態系の一員であり，その循環過程は環境問題と深くかかわっている．高分子物質には，植物や動物によってつくられる天然高分子と，化石燃料の石油や石炭などを原料にして人工的につくられる合成高分子がある．天然高分子は生態系に容易に組み込まれ，環境に優しい物質である．一方，合成高分子は高い耐久性など多くの優れた特性を備えているが，微生物により分解されにくく，生態系になじまないものもある．このような天然高分子と合成高分子の循環過程は，おおよそ図 0-4 のようにまとめられる．

2-1　天然高分子の循環

　自然界では，植物や動物によって，とてつもなく分子量の大きい炭水化物やタンパク質など多種多様の高分子物質がつくり出されている．

　天然高分子（生体高分子）は，動植物の形態の保護やエネルギーの貯蔵，および生体内の反応制御と遺伝情報を伝達する機能をもつ組織を形成している．そして食料はもとより，古くから身近な生活用品や工業製品に加工され利用されてきた．これ

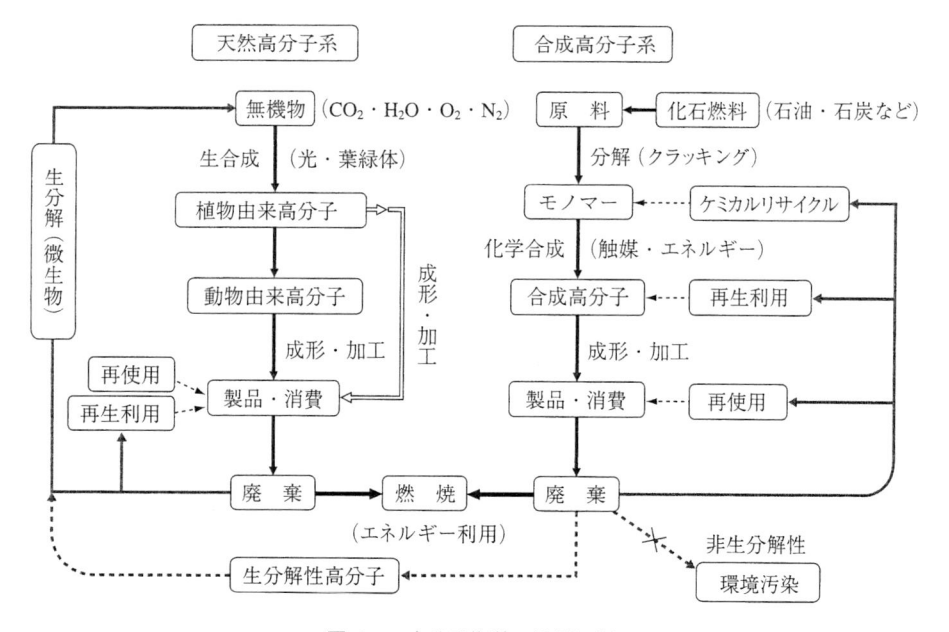

図 0-4　高分子物質の循環概念図

らの製品はリサイクルされ繰り返し利用され，ついに使用ずみになり廃棄されると，微生物により分解され無機的環境に還元されてきた（図0-4参照）．また，生体内の反応を制御する酵素や，情報伝達機能をもつデオキシリボ核酸（DNA）とリボ核酸（RNA）などの生体高分子を対象にした最先端の研究も日進月歩の進歩を遂げている．

2-1-1 植物由来の高分子

植物由来の高分子には，植物の形態の維持と保護の役目をしているセルロースを主成分とする炭水化物がある．そして木材，竹，麻，木綿などの主成分は，セルロースやデンプンなどの炭水化物（多糖類）である．中には天然ゴムにみられるようにポリイソプレンなどの炭化水素もある．さらに，トウモロコシからつくられるポリ乳酸のように，デンプンの乳酸発酵により得られるものもある．

2-1-2 動物由来の高分子

動物由来の高分子には，動物の形態維持と保護の役目をしている絹，羊毛，皮などのようにタンパク質（ポリペプチド）からなるものがある．

また，生体内の反応を制御する酵素（タンパク質）や，遺伝情報の保存・伝達をつかさどる遺伝子（核酸）などがある．これらの特殊な高分子は，近年のバイオテクノロジーの急速な進歩に伴い医療関係に幅広く利用されている．

2-2 合成高分子の循環

合成高分子は，化石燃料*である石油，天然ガス，石炭などをいったん分解（クラッキング）して得られる小さな分子（原料モノマー：単量体）を，化学的に結合させてつくる．このようにして繊維，プラスチック，ゴムなどが人工的に合成できるようになったお陰で，私たちは豊かな生活を送れるようになった．しかし，合成高分子が大量に生産され，消費・廃棄されるようになると，合成高分子の多くは自然環境下では分解されにくいため，廃棄プラスチックによる環境問題が起こるようになった．そのため廃棄プラスチック類の処理やリサイクル技術が開発され，すでに実用化されているものも多い．これは大まかに，① 再使用（製品を再び利用する：reuse），② リサイクル（製品を溶融・溶解しもとの材料に戻し，再加工する：re-

---

* 合成高分子の原料となる化石燃料は，地下や海底に埋蔵されている．石炭は，太古の植物が堆積・地中に埋没し，長期間にわたる地熱や地圧などの作用で炭化したものである．石油は，植物性プランクトンを主とする水生動植物の死骸が海底に沈積し，嫌気性バクテリアによって分解され，長期間にわたる地熱や地圧の作用で生じたといわれている．

cycle), ③ケミカルリサイクル（化学的に原料モノマーや化学薬品などに戻す）や④熱エネルギーの利用（燃焼しその熱を利用する）に分けられる（図 0-4 参照）．

2-3　生分解性高分子

廃棄プラスチックによる環境問題を解決するために，微生物により安全かつ容易に分解される生分解性高分子が開発された．この生分解性高分子は，天然高分子と同じように，微生物により水と二酸化炭素に分解され，自然界の無機的環境に還元されるため，環境にやさしい物質である．

3　循環型社会における高分子の役割

私たちは，20 世紀後半の科学技術のめざましい進歩のお陰で，あふれる「もの」に囲まれ豊かな生活が送れるようになった．これはいうまでもなく，科学技術の進歩と相まって，石油などの豊富な原料と大量生産システムの開発を背景に，新規な物質が容易に大量生産できるようになったためである．中でも合成高分子の果たしてきた役割は，決して少なくはない．前述のように，高分子物質は生成経路によって天然高分子と合成高分子に大別され，動植物に由来する天然高分子は容易に生態系に組み込まれる．一方，耐久性の向上を目指して開発されてきた合成高分子は自然界の物質循環に逆らうものが多いため，大量に生産・消費された後に廃棄されると自然界の円滑な物質循環系が崩れ環境問題が起こり，循環型社会の構築が急がれるようになった．

今日の活力ある社会の持続的発展に寄与してきた高分子の役割はきわめて大きく，高性能，高機能の高分子の開発が進められている．しかし，このような高分子物質も，生物群集を構成する生態系の一員であることに変わりないことに留意しておかなければならない．

この序章は，本論の高分子について学ぶ前に，高分子の生態系における位置づけと役割を認識してもらうために，新たに設けた．

> **column**　生態系と仏教思想

　天台密教の完成者といわれている良源（元三大師良源）は，「山川草木悉有仏性（山，川，草，木のことごとくに仏性がある）」という言葉で表現されている天台本覚論を完成した．この思想は，仏性をもつものを動物はもとより，植物，さらには無機物からなる山や川にまで広げたものである．このような仏教思想は，インドのそれにはなく，インド仏教において仏性を認めるのは動物までである．これを植物にまで広げたのは，道教の影響を受けた天台仏教であり，さらに天台本覚論の原形は，山や川も人間と同じように肉体をもつ生き物とするアイヌの思想にあるという（梅原　猛：朝日新聞朝刊 2006 年 1 月 31 日）．

　自然界の物質は，動植物など有機体の生物群集と，大気・水・岩・石・土などの無機的環境からなり，まとまりのある循環形態をつくっていることを考えると，仏教思想（天台本覚論）と自然科学の本質に共通する想いが浮かび上がってくる．このような仏教思想は一神教の思想とは大きく違うところである．

第1章

高分子の概念

　私たちの暮らしは，とてつもなく分子量の大きい高分子によって支えられている．本章では，高分子の概念を理解するために，1）高分子特性の分子量による変化，2）高分子の分類，3）高分子の強度，熱的性質などの一般的な性質，4）高分子の分子構造など基本的なことについて学ぶ．

1　分子の生成と高分子

1-1　分子とその集合体

　原子の結合によって生成する分子は，たがいに分子間力によって集合体（物質塊）を形成する．原子の結合と分子の集合の様式（エネルギー）には図1-1のようなものがある．

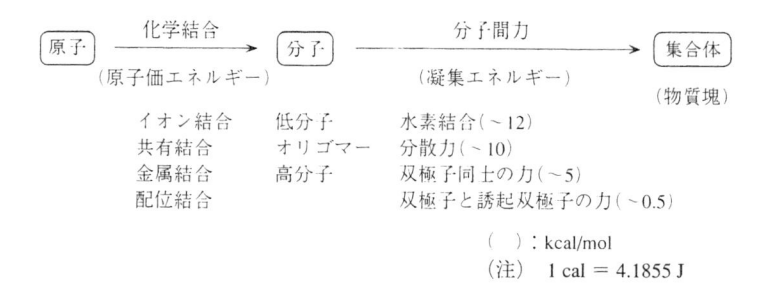

```
原子 ──化学結合──→ 分子 ──分子間力──→ 集合体
    （原子価エネルギー）    （凝集エネルギー）    （物質塊）

    イオン結合    低分子      水素結合（~12）
    共有結合      オリゴマー  分散力（~10）
    金属結合      高分子      双極子同士の力（~5）
    配位結合                  双極子と誘起双極子の力（~0.5）
                              （　）：kcal/mol
                              （注）　1 cal = 4.1855 J
```

図 1-1　分子の生成と集合

1-2　高分子の定義

　高分子（ポリマー：polymer）は，たくさん（poly）の繰り返し単位（mer）からなる分子量のとてつもなく大きい物質であり，重合体とも呼ばれている．普通の分子と分子量に明確な境があるわけではないが，物質の特性が著しく変わる分子量約10000

以上のものを一般に高分子と呼んでいる．分子量が約1000以下の分子を低分子，また分子量が高分子と低分子の中間のものを**オリゴマー (oligomer)** と呼んでいる．

低分子　　　：分子量約1000以下
オリゴマー：分子量約1000〜約10000
高分子　　　：分子量約10000以上

2　分子量と物性

物質の沸点，融点などの性質は分子量によって著しく変わり，高分子量になると伸びや強度などが発現されるようになる．たとえば，エチレンの重合体の分子量と性質の関係をみると明瞭である（**表1-1**）．

高分子の物性（たとえば強度）はある分子量 M_0 になると発現し，徐々に増大し，やがて M_s でほぼ一定の値になる（**図1-2**）．

M_0 や M_s の値は，高分子の種類や集合状態によって違い，分子同士が規則正しく配列し分子間力が大きいものほど小さい．代表的なポリマーの M_0 と M_s の値を**表1-2**に示す．

表 1-1　ポリエチレン H$+$CH$_2$−CH$_2+_n$H の分子量と性質

重合度 (n)	分子量	外　観	融点 (℃)	沸点 (℃/mmHg)
1	30	気　　体	−183	−88.6/760
5	142	液　　体	−30	174/760
10	272	結　　晶	36	205/15
30	842	結　　晶	99	250/10^{-5}
60	1682	ろう状固体	100	分　解
100	2802	もろい固体	106	分　解
1000	28002	強靱な固体	137	分　解

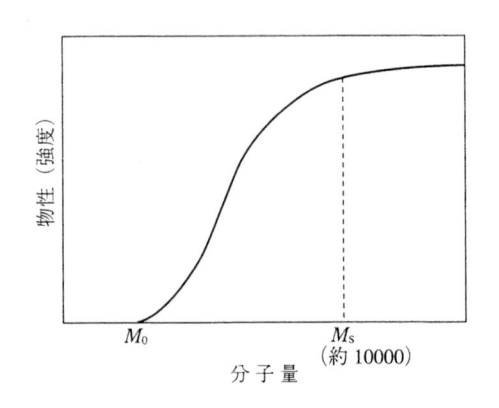

図 1-2　分子量と物性（強度）の関係

表 1-2 主な高分子の強度発現最低分子量 M_0 および強度飽和分子量 M_s

高分子の種類	強度発現最低分子量 M_0			強度飽和分子量 M_s		
	平均分子量	平均重合度	平均鎖長 (Å)	平均分子量	平均重合度	平均鎖長 (Å)
ナイロン 66	6000	50	400	24000	200	1600
ポリエステル	8000	70	420	30000	250	1600
ポリアクリロニトリル	15000	300	850	45000	900	2550
ポリ塩化ビニリデン	25000	250	650	75000	750	2000
ポリスチレン	60000	600	1500	300000	3000	7500
ポリビニルアルコール	15000	300	850	45000	900	2550
セルロース	20000	130	650	75000	500	2500

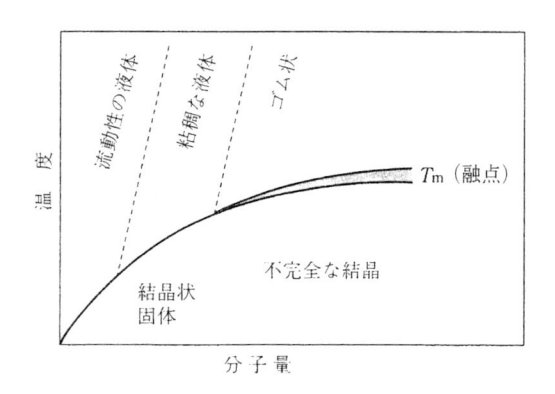

(注) $1 \text{ Å} = 10^{-10} \text{ m} = 0.1 \text{ nm}$

図 1-3 分子量と融点および各状態の相対的関係

一般に鎖状の結晶性高分子の**溶融特性**は，分子量，分子間力および分子の屈曲性（剛直性）によってきまる．

有機化合物の分子量と溶融状態の関係を**図 1-3** に示す．低分子の場合は低温領域では結晶性の固体であり，高温になると一定温度で溶融し（すなわち，一定の融点を示す），流動性の液体となる．ところが，高分子の場合は低温領域では不完全な結晶であり，高温領域では幅のある融点を示し，粘稠もしくはゴム状態となる．

また，高分子の溶融特性は分子量と比例関係にある分子間力によって影響され，ポリエチレンの融点は分子量と共に高くなる（表 1-1 参照）．しかし，同じ種類の高分子についてみると，分子量が同じであっても，繰返し単位（モノマー）中の連鎖原子数によって融点が変わる．その変わり方は分子間力の種類によって違う．

たとえば，ポリアミド，ポリウレタンなどは分子間水素結合をつくっているために，モノマー中の原子数（メチレン基）が多くなると融点は下がる．一方，メチレン基による分散力が主な分子間力であるポリエステルの場合は，モノマー中の原子数が多くなると融点は高くなる（**図 1-4**）．

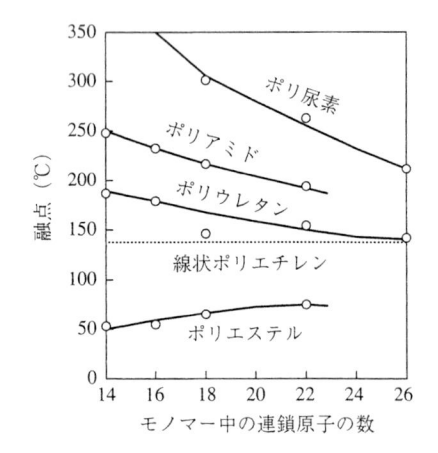

図 1-4 脂肪族系高分子同族体のモノマー中の連鎖原子の数と融点

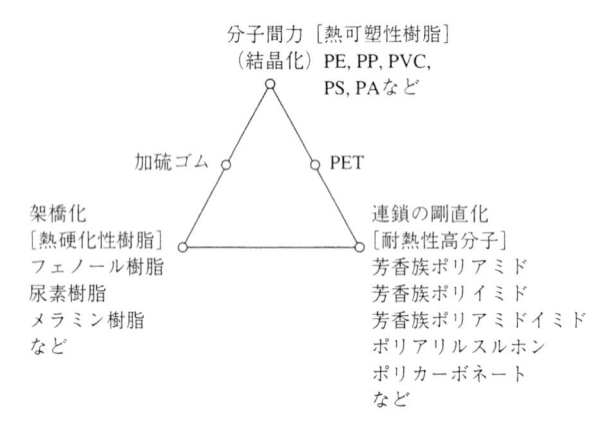

図 1-5 高分子の構造と熱安定性

ところで，高分子の耐久性（熱安定性）の向上には，一般に次のようなことが試みられている．

① 分子間力（結晶性）の向上（鎖状構造の熱可塑性高分子）
② 架橋構造の導入（網状構造の熱硬化性樹脂）
③ 連鎖の剛直化（耐熱性高分子，エンジニアリングプラスチック）

もちろん，これらは完全に区別できるものではなく中間的なものもあるが，相互関係を示すと図 1-5 のようになる．

また，高分子の熱的性質と分子間力および架橋度の関係は図 1-6 のように示される．

このような高分子の構造と熱安定性の関係は熱力学的に理解することができる．すなわち，熱安定性のよい高分子は融点が高い物質であり，融点は熱力学的に次式で表される．

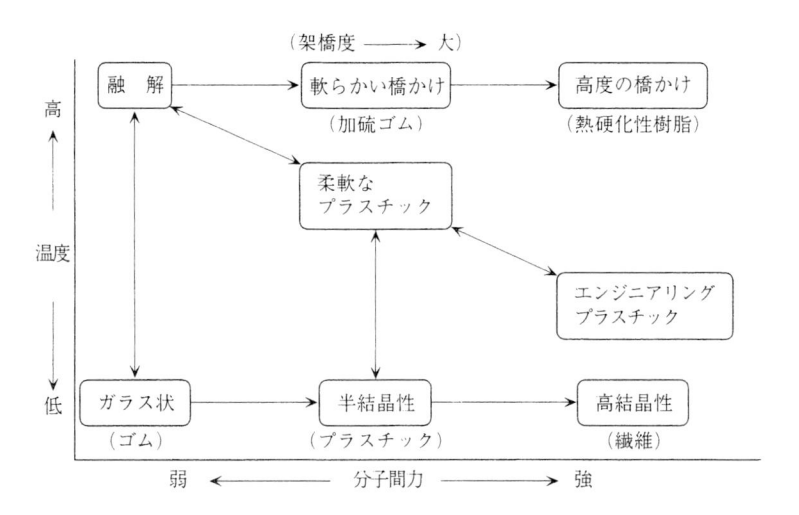

図 1-6 高分子の分子間力および温度と各状態の相対的関係

$$T_\mathrm{m} = \frac{\Delta H_\mathrm{m}}{\Delta S_\mathrm{m}} \qquad (\because \quad \Delta G = \Delta H_\mathrm{m} - T_\mathrm{m} \Delta S_\mathrm{m})$$

ここで，T_m：融点（絶対温度 0 K ＝ －273 ℃）
　　　　ΔH_m：融解のエンタルピー（固体と液体のエンタルピーの差）
　　　　ΔS_m：融解のエントロピー（固体と液体のエントロピーの差）
　　　　ΔG：固体と液体のギブズの自由エネルギーの差

　ΔH_m は分子間力に関係する項で，その値の大きいほど融点は高くなる．したがって，分子中に分子間水素結合を生成する官能基が存在したり，分岐が少なく，規則正しく配列する高分子ほど分子間力は大きく，融点は高くなる．

　ΔS_m は分子の屈曲性，柔軟性などに関係する項で，その値の小さいものほど融点は高くなる．したがって，分子の対称性がよく，自由回転が少なく分子の剛直性が増すと融点は高くなる．たとえば，対称性のよい構造でベンゼン環のような平面構造をもつ芳香族系高分子，あるいはベンゼン環と複素環をもつ芳香族複素環系高分子が耐熱性に優れているのは，ΔS_m が小さいためである．

　なお，高分子の熱安定性はその化学構造に支配されることは当然であり，高分子を構成する原子間の結合エネルギーや，高分子の骨格構造中の共鳴エネルギーが重要である．耐熱性のきわめて優れたエンジニアリングプラスチックはこのよい例である．

3　高分子の分類

　高分子はいろいろな観点から分類できる．たとえば，① 産出状態，② 構造・形態，

③ 合成方法，④ 材料の性能・用途などの違いによって分類されている．それらの例を次に示す．

3-1 産出状態による分類

・天然高分子
　　無機系：雲母，石墨（グラファイト），ダイヤモンド，ケイ酸塩など
　　有機系：セルロース（木材，綿花など），デンプン（各種穀物），
　　　　　　天然ゴム，タンパク質（羊毛，絹，皮革など）
　　生体系：タンパク質（酵素，肉類など），核酸（DNA，RNA など）
・改質天然高分子（半合成高分子）
　　無機系：（ガラス）
　　有機系：酢酸セルロース，硝酸セルロース
・合成高分子
　　無機系：ガラス，セラミック材料，合成グラファイト（炭素繊維），
　　　　　　ポリシロキサン（シリコーン），ポリホスファゼン
　　有機系：ポリエチレン，ポリスチレン，ポリ塩化ビニル，ナイロン，
　　　　　　ポリブタジエンなど

3-2 構造・形態による分類

・線状高分子（linear polymer）または鎖状高分子（chain polymer）
・枝分れ高分子（branched polymer）
・架橋高分子（crosslinked polymer）または網状高分子（network polymer）
・櫛形高分子（comb-like polymer）
・星形高分子（star-like polymer）
・モノマー組成，化学構造などによる分類
　　単一重合体：ホモポリマー（homopolymer）
　　共重合体：コポリマー（copolymer）
　　　ランダム，レギュラー（交互），ブロック，グラフト，
　　ポリマーブレンド（アロイ）

3-3 合成方法による分類

・逐次重合
　　重縮合：ポリアミド，ポリエステルなど
　　重付加：ポリウレタンなど

- 連鎖重合

    付加重合（ラジカル重合，イオン重合）：ポリエチレン，ポリ塩化ビニル，ポリブタジエンなど

    開環重合（ラジカル重合，イオン重合）：ポリエチレンオキシド，ポリプロピレンオキシド，ポリカプロラクトンなど

- 配位重合

    高密度ポリエチレン，立体規則性ポリプロピレン，立体規則性ポリスチレンなど

3-4 材料の性質・用途による分類

- 繊維
- プラスチック（熱的性質）

    熱可塑性樹脂

    熱硬化性樹脂

    エンジニアリングプラスチック（エンプラ）
- ゴム
- 塗料，印刷インキ
- 接着剤，粘着剤
- 高機能性材料
- 生体高分子など

4 高分子の一般的性質

高分子は分子量がとてつもなく大きいため，力学的性質，熱的性質や溶融性などが低分子化合物とは著しく異なる．

4-1 力学的性質

低分子：強度や伸びはほとんどない．ただし，低温では結晶性の硬い固体である．

高分子：軟らかいゴム状から硬い金属状まで，幅広い性質を示す．比重は0.91～2.3ぐらいしかないが，金属に匹敵する強度(strength)，伸度(elongation)，弾性(modules)，硬さ(hardness)，強さ(stiffness)，反発力(resilience)などを示すものがある．

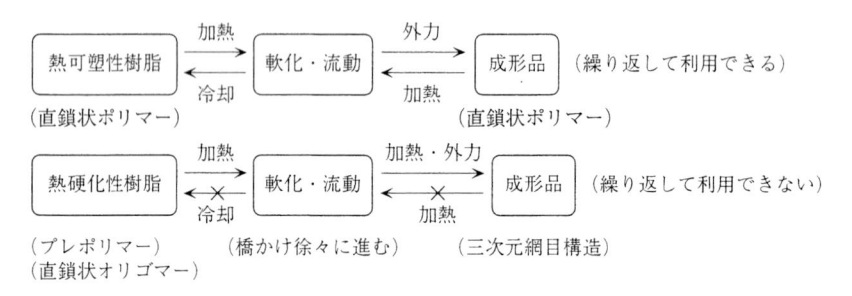

```
熱可塑性樹脂 ⇄(加熱/冷却) 軟化・流動 →(外力/加熱) 成形品 （繰り返して利用できる）
(直鎖状ポリマー)                                    (直鎖状ポリマー)

熱硬化性樹脂 →(加熱)✗(冷却) 軟化・流動 →(加熱・外力)✗(加熱) 成形品 （繰り返して利用できない）
(プレポリマー)      (橋かけ徐々に進む)        (三次元網目構造)
(直鎖状オリゴマー)
```

図 1-7　樹脂の加熱成形

4-2　熱的性質

低分子：明瞭な沸点や融点を境にして，固相，液相，気相をとりうる．

高分子：加熱するとある温度範囲で軟化（軟化温度，softening temperature）し溶融する．さらに加熱すると気体にならず分解する．また，高分子は，加熱により軟化（溶融）する熱可塑性樹脂（thermoplastic resin：加熱成形後も直鎖状を保つ）と，硬化する熱硬化性樹脂（thermosetting resin：加熱成形後に三次元網目構造になる）に大別できる（図 1-7）．

4-3　溶解性

物質の溶解性は基本的には溶質と溶媒の化学構造および分子間力によってきまる．

似たもの同士がよく溶ける "Like dissolves like"：

親水性基（hydrophilic group），ヒドロキシ基，カルボキシル基，アミノ基，スルホン酸基などをもつ化合物は極性溶媒に溶ける．

疎水性基（hydrophobic group），アルキル基やフェニル基などからなる化合物は非極性溶媒に溶ける．

低分子は一気に速やかに溶解するが，高分子は膨潤してから溶解する（図 1-8）．高分子の溶解性は化学構造，分子量，結晶性，分岐構造などによって影響され，一般に次のような関係がある．

　分 子 量 大　→　溶解しにくくなる．
　結 晶 性 良　→　溶解しにくくなる．
　分岐構造多　→　溶解しやすくなる．
　架橋構造多　→　溶解しにくく，架橋結合が増すとさらに溶解性が低下し，網状
　　　　　　　　　高分子は完全不溶になる．

たとえば，グルコースは水に容易に溶けるが，グルコースの重合体であるセルロー

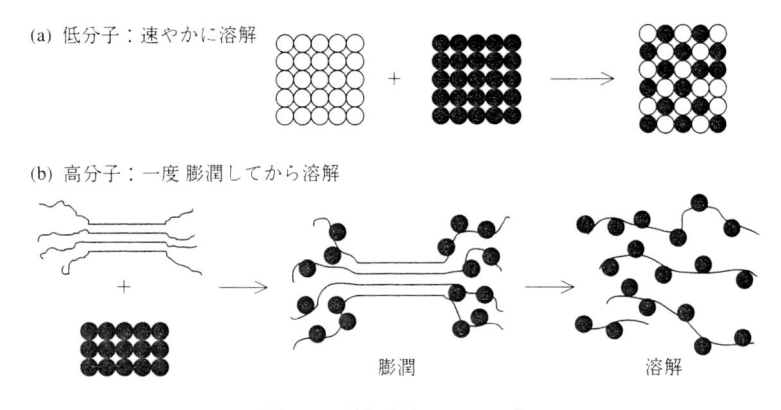

図 1-8 溶解現象のモデル化

(a) 低分子：速やかに溶解
(b) 高分子：一度 膨潤してから溶解
膨潤　　溶解

スは水に溶けない．

5　分子量の多分散性と平均分子量

低分子化合物は同じ大きさの分子からできており，分子量が一定（単分散）である．

合成高分子は繰り返し単位（モノマー）が同じであっても，分子量の違う同族体の混合物（多分散）からなり，多分子性である．そのため，高分子の分子量は平均値として表され，数平均（number-average），重量平均（weight-average），Z 平均（Z-average），粘度平均（viscosity-average）などが用いられる（**図 1-9**）．また，重合したモノマーの数を重合度（DP：degree of polymerization）と呼ぶ．

なお，酵素や核酸などの生体高分子の分子量は，ほとんどが単分散である．

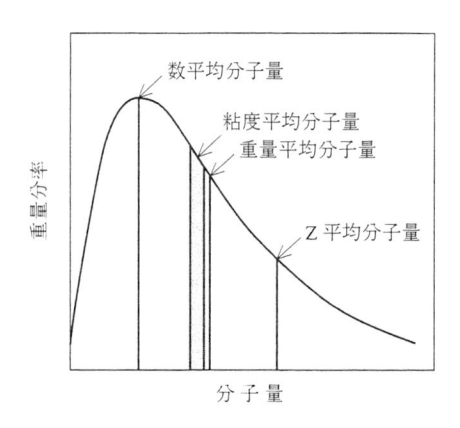

図 1-9　合成高分子の分子量分布と平均分子量

6 高分子の分子構造

高分子鎖の一次構造（化学構造，分子量，モノマーの結合様式・配列順序，立体配座，枝分れなど）と分子が集合したときの高次構造（これは高分子の一次構造により制御される）によって，高分子の特性や発現する機能がきまる．

6-1 一次構造 (primary structure)

ビニル系およびジエン系モノマーの結合様式と立体配置 (configuration) には次のようなものがある．

ビニル系モノマー

$$CH_2=CHR \longrightarrow$$

—CH$_2$CH−CH$_2$CH—
　　　|　　　|
　　　R　　　R

頭−尾結合
(Head to Tail : H-T)

—CH$_2$CH−CHCH$_2$—
　　　|　　|
　　　R　　R

頭−頭結合
(Head to Head : H-H)

ジエン系モノマー

1,4-シス

|← 9.1 Å →|

1,4-トランス

|← 5.1 Å →|

1,2 (シンジオタクチック)

|← 5.1 Å →|

1,2 (イソタクチック)

|← 2.5 Å →|

立体規則性

(a) イソタクチック (isotactic)

(b) シンジオタクチック (syndiotactic)

(c) アタクチック (atactic)

6-2 高次構造 (higher structure)

高分子鎖の二次構造以上の形態を高次構造と呼び，水素結合，ジスルフィド結合（−S−S−：2分子のシステイン[*1]間の結合によってできるシスチン[*2]にみられるようなもの），疎水結合，静電力などの相互作用によって構造が保たれる（図 1-10）．

二次構造 (secondary structure)

個々の高分子鎖中の水素結合などによって形成される連鎖の立体配座 (conformation) をいう．

[例] 溶液中における合成高分子のランダムコイル状タンパク質，核酸の α-ヘリックス，β-シート

三次構造 (tertiary structure)

タンパク質連鎖ではアミノ酸残基の側鎖間の相互作用により特定の折りたたまれた形態である三次構造をとる．

[例] グロビン

四次構造 (quaternary structure)

グロビンのように特定の形態のものが4個集まった，ヘモグロビンのような構造をいう．

---

*1 HSCH₂CH(NH₂)COOH   *2 SCH₂CH(NH₂)COOH
                                                SCH₂CH(NH₂)COOH

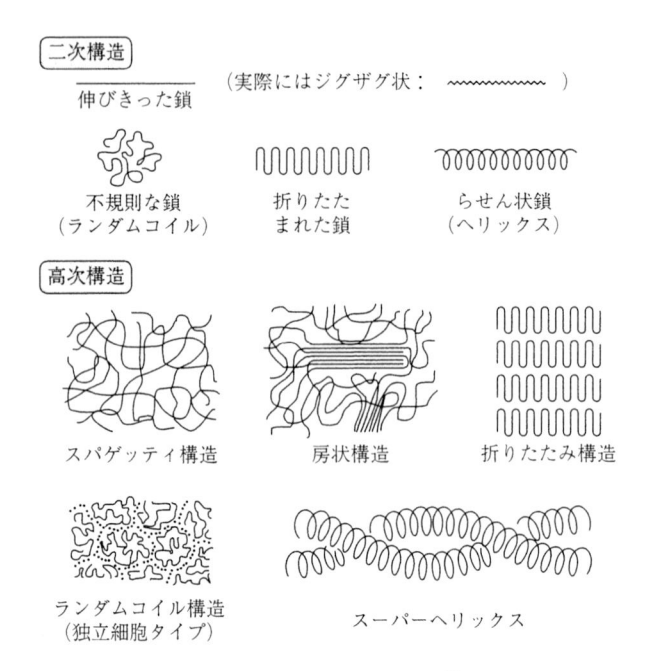

図 1-10 高分子の高次構造[10]
ランダムコイル構造の点線で囲まれた部分は1つの細胞を表している．

6-3 結晶性と非晶性 (crystalline and amorphous)

　低分子化合物は分子が配列しやすいため，よい結晶構造をとるが，長い分子鎖からなる高分子は結晶領域と非晶領域からできている．高分子の特性は両者の割合によって著しく影響され，ゴムは非晶領域が多く，繊維は結晶領域が多い．プラスチックはそれらの中間である．なお，高分子によっては，ほぼ完全に結晶領域あるいは非晶領域からなるものもある（図1-11）．

　　ゴム　　　→　　プラスチック　　　→　　繊維
（非晶領域多し）　（非晶領域と結晶領域）　　（結晶領域多し）

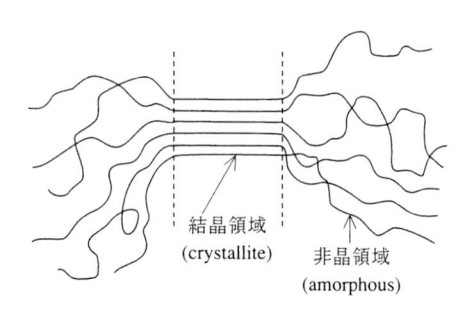

図 1-11 結晶領域と非晶領域

7 高分子の特性に関係する因子

高分子の特性は，高分子を構成している分子鎖の構造とその集合の仕方によってきまるが，両者に関係する因子として表1-3のようなものが考えられる．

表 1-3 ポリマーの特性に関係する因子

単分子鎖に関する因子	分子鎖の集合体に関する因子
鎖長	結晶化度
基本構成単位の化学構造	結晶の大きさ
鎖と鎖間の分子間力	配向度
鎖の軟らかさ（硬さ）	配向の方向
対称性　短い範囲	形態学的構造
長い範囲	微細組織
立体配置と立体配座	架橋結合

第2章

天然高分子の生成

　天然高分子には，多糖類，タンパク質，核酸などがある．本章では，これらの天然高分子の由来についておさらいしてから，天然高分子の生成の原点である植物の炭酸同化と窒素同化について説明する．次いで，植物が産生する多糖類および動物が産生するタンパク質などを紹介し，それらの構造と機能について述べる．最後に，生物の遺伝情報の保持と伝達にかかわる核酸について説明する．

1　天然高分子の由来

　天然高分子には，多糖類，タンパク質，核酸の3つがあり，植物由来と動物由来のものがある．これらの高分子の生成は，緑色植物による無機化合物からの同化，すなわち炭酸同化と窒素同化により始まる．緑色植物は，炭酸同化作用により二酸化炭素，水，ミネラルなどから，光エネルギーを用いて炭水化物（糖類）を合成している．また，窒素同化作用により硝酸塩，水などからアミノ酸を合成している．動物は，植物または動物を捕食し，その成分を代謝，すなわち異化（分解）と同化（合成）してタンパク質などを合成している．このような天然高分子は，生物の構造形成やエネルギー貯蔵，あるいは生体反応の制御や遺伝情報の保存・伝達をつかさどり，生命活動を支えている（**図2-1**）．そして，綿花や繭あるいは木材のように高分子集合体として肉眼で見えるものや，細胞組織のように顕微鏡で辛うじて見えるものまで，多種多様である．

　生体の構成単位は，いうまでもなく細胞であり，すべての生命活動は細胞の働きをもとに行われている．細胞は，細胞膜と原形質からなっている．原形質は，細胞質と核からなり，細胞膜によって保護されている．緑色植物の同化作用は，まさにこの細胞によって行われている．これらの細胞が集合し組織化され，さらに器官がつくられている．植物では，根と茎（器官）は表皮・皮層・中心柱の各組織から，また葉は表皮・葉肉・葉脈の各組織からつくられている．動物では，上皮・結合・筋・神経の各組織から多種類の器官が形成され，それらが機能し合っている．

　生体の構成成分はほとんどが水分であるが，植物では炭水化物が約20％，動物で

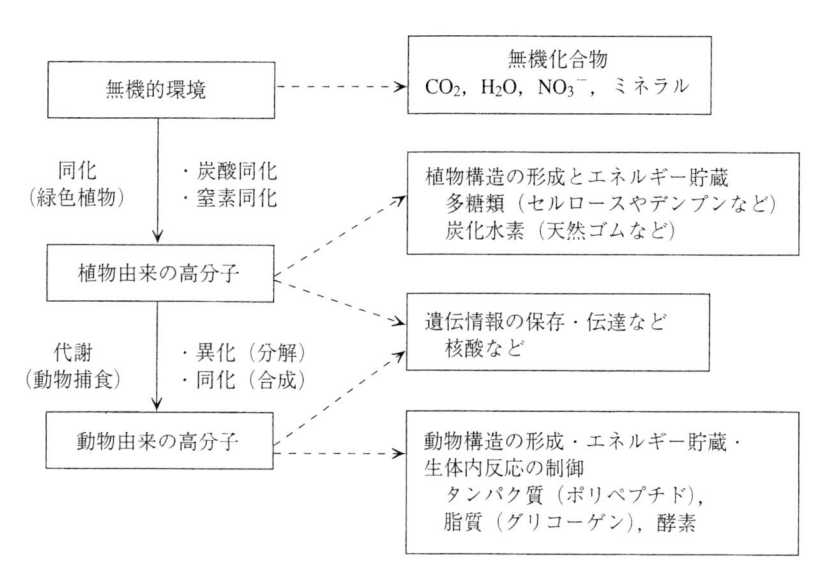

図 2-1 天然高分子の由来

表 2-1 生物体の構成成分

成 分	植物（生重量 %）	動物（生重量 %）	原形質[*1]（生重量 %）
タンパク質	2	15	10
脂質・核酸・その他	1	—	脂質：2
脂質	—	13	核酸：1.1
無機物	2	3	1.5
炭水化物[*2]	20	—	0.4
炭水化物・核酸・その他	—	2	—
水	75	67	85

[*1] 原形質（protoplasm）は，細胞膜に包まれた内部の物質系の総称で，植物と動物の差は少ない．
[*2] 炭水化物は，炭素，水素，酸素からなり，その組成の分子式は一般式 $C_n(H_2O)_m$ で表される．

はタンパク質と脂質が多くそれぞれ約 15 % と 13 % である．しかし，原形質の成分は植物と動物であまり差はない（表 2-1）．

2 植物の同化作用

2-1 植物の同化作用

植物は同化作用によって無機化合物から有機化合物を合成している．同化作用には，大気中の二酸化炭素を用いて炭水化物（糖類）などを合成する**炭酸同化**と，土中の窒素化合物を用いてアミノ酸を合成する**窒素同化**がある（図 2-2）．

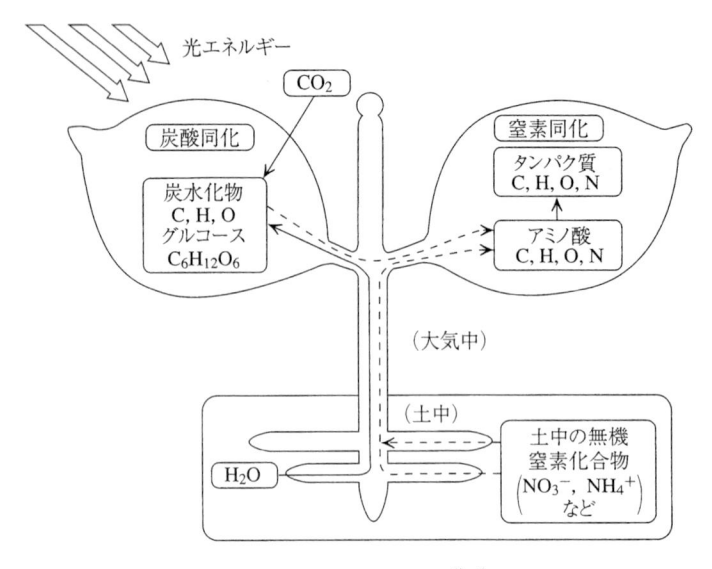

図 2-2 植物の同化作用[2)～4)]
同化作用には大気中の二酸化炭素を用いて炭水化物を合成する炭酸同化と，土中の無機窒素化合物を用いてアミノ酸合成を行う窒素同化がある．これらの同化作用を行うことで，植物に必要な有機物を合成している．

炭酸同化には，光エネルギーを用いる光合成と，化学エネルギーを用いる化学合成がある．光合成は，光エネルギーにより，二酸化炭素と水から炭水化物を生成する化学反応である．緑色植物の光合成では葉緑体のクロロフィルが，また細菌による光合成では菌体のバクテリオクロロフィルが，それぞれ光エネルギーを吸収しエネルギー源としている．

化学合成では，無機物の酸化で生じたエネルギーで ATP を合成し，それをエネルギー源としている．

窒素同化は，地中の硝酸イオンやアンモニウムイオンなどの窒素化合物を取り入れて，**アデノシン三リン酸 (ATP)** (図 2-3) をエネルギー源としてアミノ酸を合成する反応である．

2-2 光合成のしくみ

光合成は，次のように行われる．① 根毛で吸収された水や無機塩類などは，道管を通して葉の細胞に送られ，② 水は光により葉緑体中で酸素と水素に分解し，③ 葉の気孔から取り入れられた二酸化炭素と反応し，葉緑体中で炭水化物を生成し，酸素を放出する．④ 合成された炭水化物は，師管を通して茎や根や種子に送られデンプンとして貯蔵される．

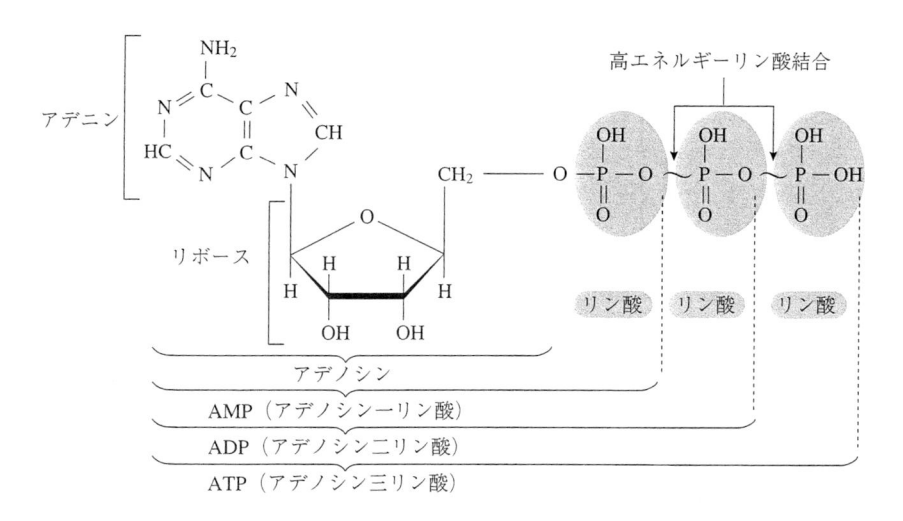

図 2-3 アデノシン三リン酸 (ATP) の構造
ATP はすべての生体反応に共通なエネルギー源であり，アデノシンに 3 分子のリン酸が結合した高エネルギー物質である．加水分解し，末端のリン酸が切断されるときに約 7.3 kcal を放出する．

この化学反応は次式で示される（**式 1**）．

$$\underset{(6 \times 44 \text{ g})}{6\,CO_2} + 12\,H_2O \xrightarrow[\text{葉緑体}]{\text{光エネルギー} (688 \text{ kcal})} \underset{(180 \text{ g})}{C_6H_{12}O_6} + \underset{(6 \times 32 \text{ g})}{6\,O_2} + 6\,H_2O$$

(注) O_2 の発生源が H_2O であることが証明されたので，これまで使われてきた反応式が改められた．

式 1　光合成の反応式

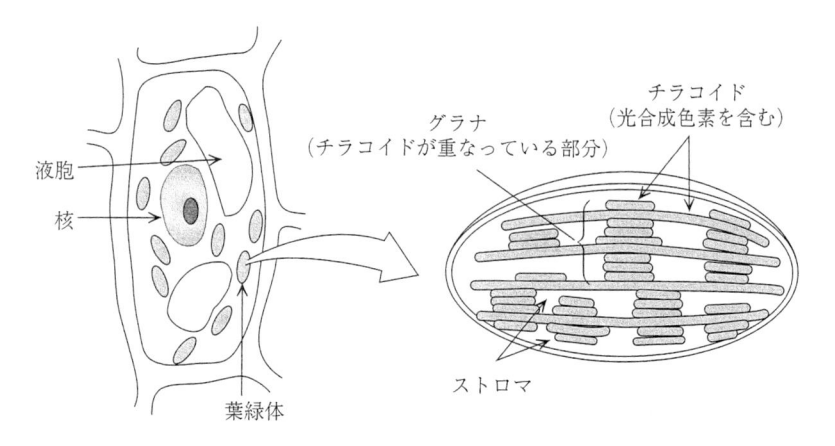

図 2-4　葉緑体の構造

クロロフィル a の化学構造

　光エネルギーは細胞内にある**葉緑体**により吸収される．葉緑体は，ストロマと呼ばれる液体状の基質の中に，**クロロフィル**を含む袋状膜構造のチラコイドが幾重にも重なってグラナをつくっている（図2-4）．光を吸収するクロロフィルは，Mgを核とするポルフィリン環からなっている．

　この光合成には，**明反応**と**暗反応**の2つの反応段階があり，明反応が先行して起こる．明反応では2つの反応が起こる．1つは水分子が，光エネルギーを吸収して生じた活性クロロフィルとニコチンアミドアデニンジヌクレオチドリン酸（**NADP**）により分解され，酸素を発生させると共に還元型補酵素（NADPH$_2$）を生成する．もう1つは，活性クロロフィルと ADP から ATP を生成する（**式2**）．

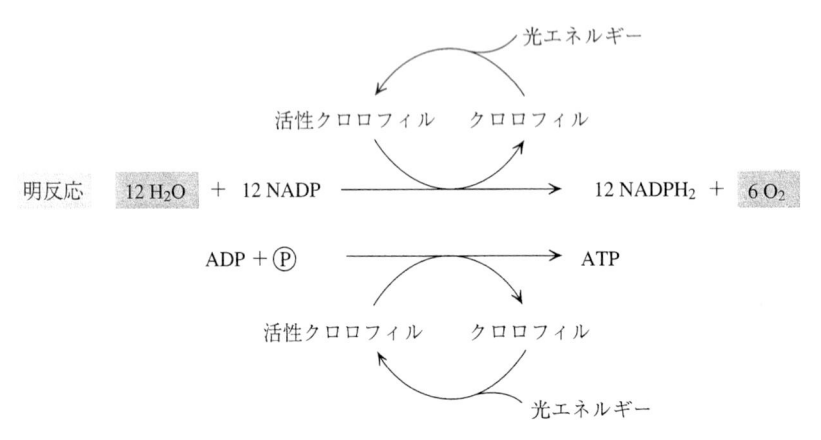

明反応　12 H$_2$O + 12 NADP ⟶ 12 NADPH$_2$ + 6 O$_2$

ADP + Ⓟ ⟶ ATP

式2 光合成の明反応で起こる化学反応

　暗反応は，明反応によって生じた NADPH$_2$ と ATP によって，二酸化炭素がいくつかの中間生成物を経てブドウ糖に固定される酵素反応である（**式3**）．

NADP の化学構造

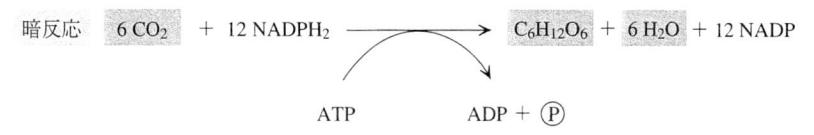

式 3 光合成の暗反応で起こる化学反応

$$暗反応\quad 6\,CO_2 + 12\,NADPH_2 \longrightarrow C_6H_{12}O_6 + 6\,H_2O + 12\,NADP$$

$$ATP \longrightarrow ADP + ⓟ$$

この暗反応の過程は，次の順に進む．

① **二酸化炭素の吸収**：CO_2 が葉緑体中のリブロース二リン酸という五炭糖リン酸にとりこまれて，2分子のリングリセリン酸を生じる．

② **$NADPH_2$ による還元**：リングリセリン酸は，明反応で生じた ATP と $NADPH_2$ により還元され，グリセロアルデヒドリン酸になる．この過程で水が生じる．

③ **ブドウ糖の生成**：グリセロアルデヒドリン酸（12分子）の2分子が結合して，六炭糖の果糖リン酸になり，その一部がリン酸を遊離してブドウ糖になる．

④ **リブロース二リン酸の再生**：残りの10分子の六炭糖リン酸は，暗反応の中で複雑な中間生成物を経てリブロース二リン酸が再生され，新しい CO_2 と結合する（**式 4**）．

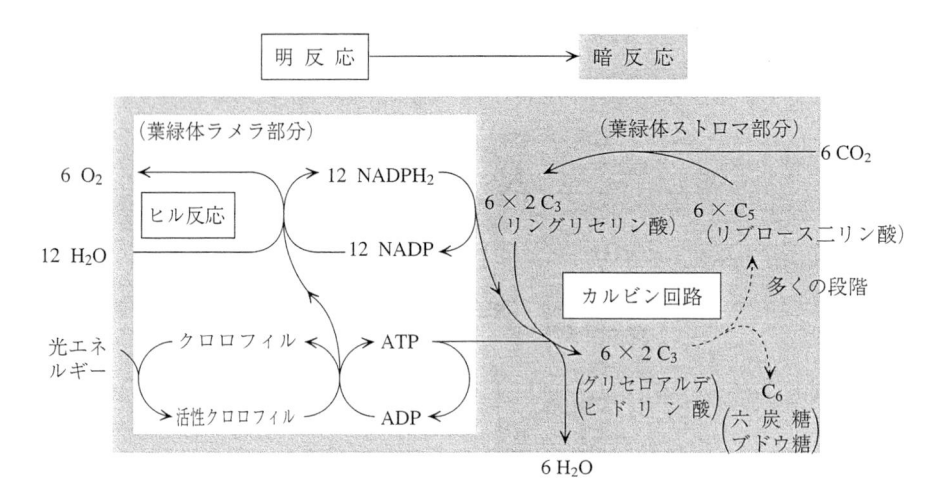

図 2-5 簡略化した光合成反応のしくみ（明反応と暗反応）

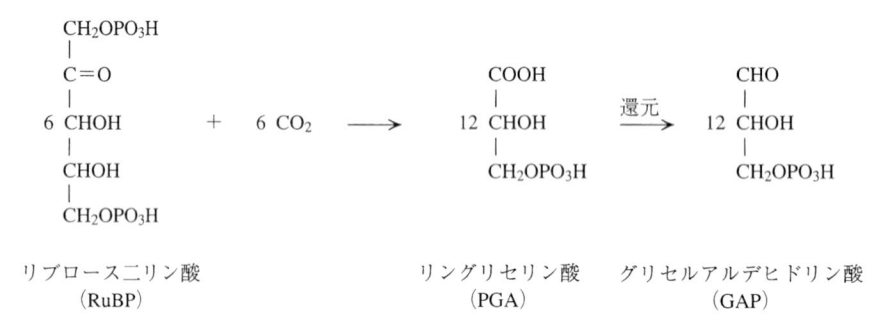

式 4 リブロース二リン酸と CO_2 の反応（カルビン回路の一部）

明反応と暗反応の2つの段階からなる光合成のしくみを，簡略化して図 2-5 に示す．

2-3 窒素同化のしくみ

植物は，土壌中の硝酸イオン NO_3^- やアンモニウムイオン NH_4^+ などの無機窒素化合物を取り入れてアミノ酸を合成する能力，すなわち窒素同化作用をもっている．これは炭酸同化作用と共に植物固有の働きで，動物にはない．それゆえ植物は独立栄養生物，動物は従属栄養生物といわれる．窒素同化の過程は，次の順に進む．

① **無機窒素化合物の吸収**：根から吸収された硝酸イオンは，光合成によって生じた $NADPH_2$（式2参照）から［H］を受け取り還元され，最終的に NH_4^+ になる（**式5**）．

$$HNO_3 + 8[H] \longrightarrow NH_3 + 3H_2O$$
$$(NH_3 + H_2O \longrightarrow NH_4^+ + OH^-)$$

式 5 窒素同化作用の反応式

この還元反応は次のような過程をたどる．

$$\underset{(硝酸)}{HNO_3} \xrightarrow{硝酸還元酵素} \underset{(亜硝酸)}{HNO_2} \xrightarrow{亜硝酸還元酵素} \underset{(ヒドロキシルアミン)}{NH_2OH} \xrightarrow{ヒドロキシルアミン還元酵素} \underset{(アンモニア)}{NH_3}$$

② **グルタミン酸の生成**：NH_4^+ は，呼吸過程（グルコースの酸化：その際生じたエネルギーは ATP として蓄積）で生じた有機酸のケトグルタル酸と結合してアミノ基（$-NH_2$）となり，ここに最初のアミノ酸であるグルタミン酸ができる（**式6**）．

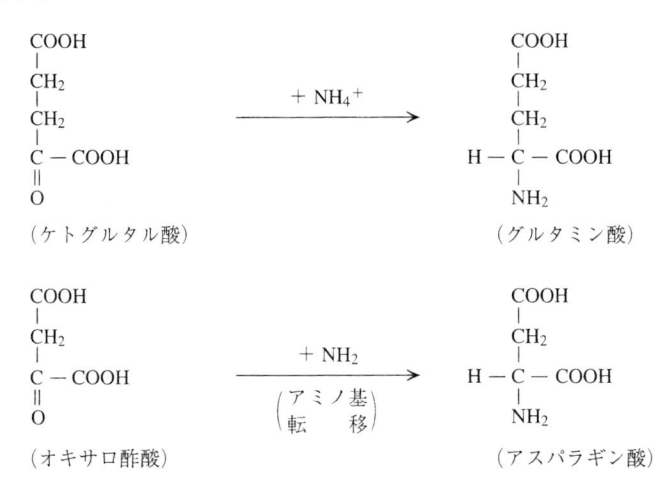

$$\underset{(ケトグルタル酸)}{\begin{array}{c}COOH\\|\\CH_2\\|\\CH_2\\|\\C-COOH\\\|\\O\end{array}} \xrightarrow{+ NH_4^+} \underset{(グルタミン酸)}{\begin{array}{c}COOH\\|\\CH_2\\|\\CH_2\\|\\H-C-COOH\\|\\NH_2\end{array}}$$

$$\underset{(オキサロ酢酸)}{\begin{array}{c}COOH\\|\\CH_2\\|\\C-COOH\\\|\\O\end{array}} \xrightarrow[\begin{pmatrix}アミノ基\\転\ 移\end{pmatrix}]{+ NH_2} \underset{(アスパラギン酸)}{\begin{array}{c}COOH\\|\\CH_2\\|\\H-C-COOH\\|\\NH_2\end{array}}$$

式 6 有機酸から合成されるアミノ酸

③ **いろいろなアミノ酸およびタンパク質の生成**：これよりいろいろなアミノ酸がつくられ，さらにアミノ酸は多数ペプチド結合してタンパク質などになる（**図2-6**）．

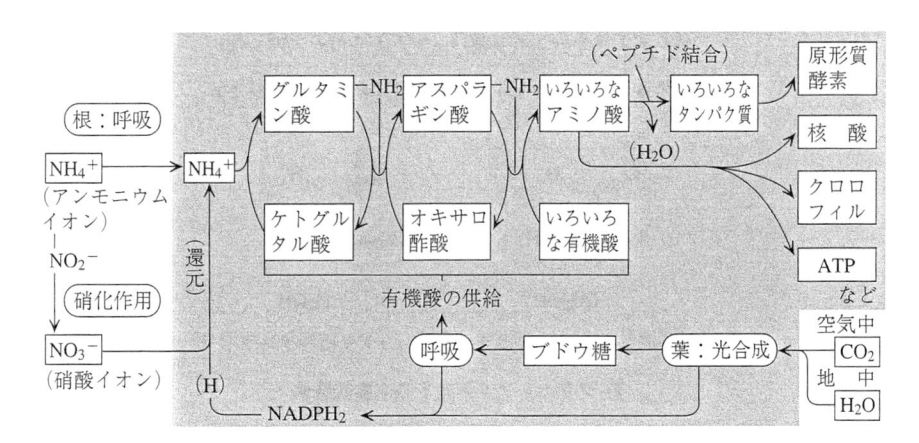

図 2-6 簡略化した緑色植物による窒素同化のしくみ[2)〜4)]

窒素同化には，光合成や呼吸で生じた $NADPH_2$，呼吸などで生じた各種の有機酸が利用される．つまり，窒素同化は光合成や呼吸と結びついて起こっていることに注目しよう．また，この反応は光を必要としないので，根や種子のような葉緑体のない細胞でも行われるが，葉で最もさかんである．

3 炭水化物

炭水化物 (carbohydrate) は，植物由来の有機化合物であり，単糖類を構成単位とする．その分子式は，$C_n(H_2O)_m$ で表され，炭素の水和物に相当し，しばしば糖類 (saccharides) とも呼ばれる．炭素原子3個ないし9個からなる最も簡単な炭水化物は，単糖類 (monosaccarides) という．2個の単糖からなる炭水化物は二糖類 (disaccarides)，3個のものは三糖類 (trisaccharides)，2～10個からなるものはオリゴ糖類 (oligosaccaharides) と，それぞれ呼ばれる．単糖が10個以上の分子量の大きいものは多糖類 (polysaccharides) という．

単糖類は，分子中に含まれる炭素原子の数，およびアルデヒド基またはケトン基を含むかによって分類され，3個の炭素原子からなる単糖はトリオース (triose)，4,5,6個からなる単糖は*それぞれ，テトロース (tetrose)，ペントース (pentose)，ヘキソース (hexose) と呼ばれる．また，アルデヒド基を含む単糖はアルドース (aldose)，ケトン基を含む単糖はケトース (ketose) とも呼ばれる．たとえば，4個の炭素原子をもつ場合はアルドテトロース (aldotetrose)，ケトテトロース (ketotetrose) のように呼ぶ．

最も簡単な単糖は，グリセルアルデヒドとジヒドロキシアセトンであり，グリセルアルデヒドは不斉炭素原子 (キラル中心 (chiral center)) をもっている．

```
    CHO              CH₂OH
    |                |
   *CHOH             C=O
    |                |
    CH₂OH            CH₂OH
```

グリセルアルデヒド　　　　ジヒドロキシアセトン
（アルドトリオースの1種）　（ケトトリオースの1種）

① アルドースとケトースの分子式（＊不斉炭素原子）

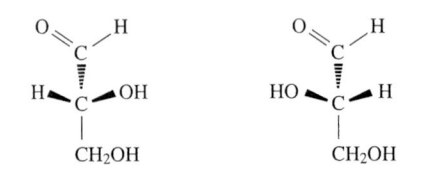

(＋)-グリセルアルデヒド　　(－)-グリセルアルデヒド

② グリセルアルデヒドの立体異性体

＊ 6員環構造の糖をピラノース，また5員環のそれをフラノースと呼ぶが，これは6員環のピランと5員環のフランによっている．

3-1　単糖類の命名法と立体化学*

不斉炭素原子をもつ有機化合物には，立体配置の異なる**エナンチオマー（鏡像異性体）**が存在する．そのため旋光性を示す．時計まわりに偏光する性質を右旋性 (dextrose)，逆を左旋性 (levulose) という．

グリセルアルデヒドには，②のような絶対配置をもつ2個のエナンチオマーがある．

便宜上，単糖の鎖状式をアルデヒド基またはケトン基が上になるように書き，下から2番目の炭素上の −OH を右に示した (+)-グリセルアルデヒドを右旋性の **D 糖**，反対に左旋性を示す (−)-グリセルアルデヒドを **L 糖** と呼ぶ．このように糖類は，最も大きい番号の不斉炭素原子の立体配置を示す，D あるいは L を冠して命名される．

そこで，単糖で重要なグルコースを例にとり，その立体化学をくわしくみることにする（③）．

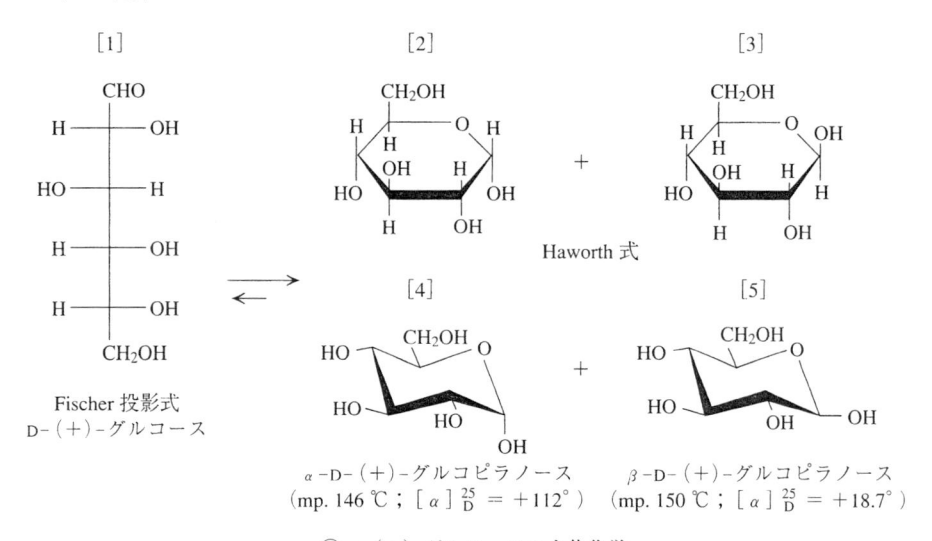

[1] Fischer 投影式　D-(+)-グルコース

[2], [3] Haworth 式

[4] α-D-(+)-グルコピラノース (mp. 146℃; $[\alpha]_D^{25} = +112°$)

[5] β-D-(+)-グルコピラノース (mp. 150℃; $[\alpha]_D^{25} = +18.7°$)

③　D-(+)-グルコースの立体化学

(a) [1] は D-(+)-グルコースの鎖状式である．(b) [2], [3] は単糖を環状構造で表し，テトラヒドロピラン環に対する −H と −OH の立体配置がよく示されている．(c) [4], [5] は D-(+)-グルコースの2個の環状ヘミアセタール式である（脚注参照）．

---

* 有機化合物の立体化学の用語
　異性体 isomer：同じ分子式で構造の異なる化合物
　構造異性体 structural isomer：原子の結合順序が異なる異性体
　立体異性体 stereoisomer：原子の結合順序は同じであるが空間的配列が異なる異性体
　　◎ **ジアステレオマー diastereomer**：たがいに鏡像の関係にない立体異性体
　　◎ **エナンチオマー（鏡像異性体）enantiomer**：たがいに鏡像の関係にあり，たがいに重ね合わせることができない立体異性体をいう．このような分子には**不斉炭素原子 asymmetric carbon（キラル中心，chiral center）**がある．そして，偏光面を反対方向に同じ大きさだけ回転させるため，それぞれのエナンチオマーを**光学活性化合物 optically active compound** という．（脚注次頁へ続く）

右旋性の D-(+)-グルコースは，鎖状式で示すと [1] のようになる．これを Fisher (フィッシャー) 投影式という．しかし，実際には [2]，[3] のような 2 個の環状式と平衡関係にある．このような環状式を，Haworth (ハース) 式という．さらに，これをいす形 (chair form) 式で示すと [4]，[5] のようになる．この 6 員環の Haworth 式は分子の形を正確に表していないが，実用性が高いのでよく利用される．

　このような環状式は，C-1 位のアルデヒド基と C-5 位のヒドロキシ基間の分子内反応によって，ヘミアセタール (hemiacetal) の環状構造をとると C-1 位に新たな不斉炭素ができ，一対の立体異性体を生成する．これはアノマー (anomer) と呼ばれ，α- および β- の記号で区別され，[4]，[5] のように，α-D-(+)-グルコピラノースおよび β-D-(+)-グルコピラノースと呼ばれる．また，複数の不斉炭素原子をもつ化合物において，キラル中心の 1 つだけの立体配置が異なるとき，たがいにエピマーであるという．

　このような立体構造の違いは比旋光度にみられる．通常の融点 146 ℃ の D-(+)-グルコースの溶解直後の比旋光度は +112° であるが，その後 52.7° に変わる．水溶液から再結晶したものは，融点 150 ℃，溶解直後の比旋光度は +112° であるが，その後 52.7° に変わる．このような現象を変旋光 (mutarotation) という．

　変旋光を起こす原因は，D-(+)-グルコースの鎖状構造と環状ヘミアセタールの α 形と β 形との間に平衡が存在するためである．通常の D-(+)-グルコースは α 配置で，高融点のものは β 配置である．そして，水溶液中の平衡状態では，鎖状の D-(+)-グルコースの割合は無視できるほどに少なくほとんどが環状であり，しかも α 形が 36 %，β 形が 64 % である．これは β 形ではすべての置換基が安定なエクアトリアル配置をとるためである．

アノマー anomer：(③ D-(+)-グルコース参照) アルデヒド基とヒドロキシ基間の分子内反応によって形成されるヘミアセタール hemiacetal が**環状構造**をとると，カルボニル形の炭素原子が新たな不斉炭素原子となる．すなわち，環化によって C-1 位に新たにキラル中心ができ，そのためさらに 2 種の環状式ができることになる．その結果生ずるエピマー epimer 形の一対の立体異性体のことを**アノマー**という．グルコースは，単に C-1 位における立体配置のみが異なるジアステレオマーである．

エピマー epimer：複数の不斉炭素原子をもつ化合物において，キラル中心の 1 つの炭素原子の立体配置だけが異なるとき，たがいにエピマーであるという．この種のジアステレオマーを，炭水化物の化学では**アノマー anomer** といい，また，ヘミアセタールの炭素原子を**アノメリック炭素原子 anomeric carbon atom** という．

3-2 単糖類と二糖類

キラル中心をもつ炭水化物は,不斉炭素原子数 (n 個) に応じて,2^n 種の立体異性体が可能である.不斉炭素原子 1 個をもつアルドトリオースでは $2^1 = 2$ 種類 (D, L 系各 1 種類),2 個をもつアルドテトロースでは $2^2 = 4$ 種類 (D, L 系各 2 種類),3 個をもつアルドペントースでは $2^3 = 8$ 種類 (D, L 系各 4 種類),そして 4 個をもつアルドヘキソースでは $2^4 = 16$ 類類 (D, L 系各 8 種類) の立体異性体が可能である.(+)-グルコースは,16 種類の中の 1 つである.この他ケトースも可能なため立体異性体は非常に多くなる.

ここでは代表的な単糖類 (五炭糖と六炭糖),二糖類および多糖類の構成成分と主な所在を**表 2-2** に示す.

3-2-1 単糖－五炭糖

炭素原子 5 個からなる**五炭糖**(ペントース)には,リボース (ribose),デオキシリボース (deoxyribose),アラビノース (arabinose),キシロース (xylose) などがある.リボース ($C_5H_{10}O_5$) は RNA のヌクレオチドや ATP,またデオキシリボース ($C_5H_{10}O_4$) は DNA ヌクレオチドの構成成分である (④).アラビノースとキシロースは,ヘミセルロース (木材の構成成分の 1 つ) の糖残基である.

表 2-2 代表的な糖類の構成成分と主な所在

糖 類	名 称	分子式と構成成分	主な所在
単糖類	五炭糖		
	リボース	$C_5H_{10}O_5$	RNA のヌクレオチドや ATP の構成成分
	デオキシリボース	$C_5H_{10}O_4$	DNA のヌクレオチドの構成成分
	六炭糖	$C_6H_{12}O_6$	
	グルコース		果実,葉,茎,根
	フルクトース		果実
	ガラクトース		単独では存在しない
二糖類		$C_{12}H_{22}O_{11}$	
	スクロース	グルコース・フルクトース	テンサイ,サトウキビ
	マルトース	グルコース	麦芽,水あめ
	ラクトース	ラクトース・ガラクトース	牛乳,母乳
多糖類		$(C_6H_{10}O_5)_n$	
	セルロース	グルコース	植物の細胞壁
	デンプン	グルコース	植物の細胞
	グリコーゲン	グルコース	動物の肝臓

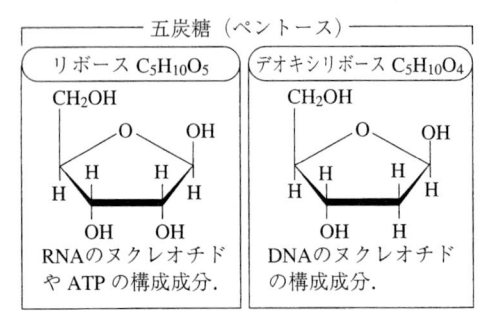

④ 五炭糖の代表的例の化学構造

3-2-2 単糖-六炭糖

炭素原子6個からなる**六炭糖**（ヘキソース $C_6H_{12}O_6$）は，グルコース，フルクトース，ガラクトースに代表される（⑤）．**グルコース**（ブドウ糖）は，ブドウなどの果実に含まれる．**フルクトース**（果糖）は，果実やハチミツの甘味の主成分であり，ケトヘキソースの代表的なものである．水溶液中では，グルコースと同じように，6員環－鎖状－5員環構造の平衡混合物として存在する（⑥）．

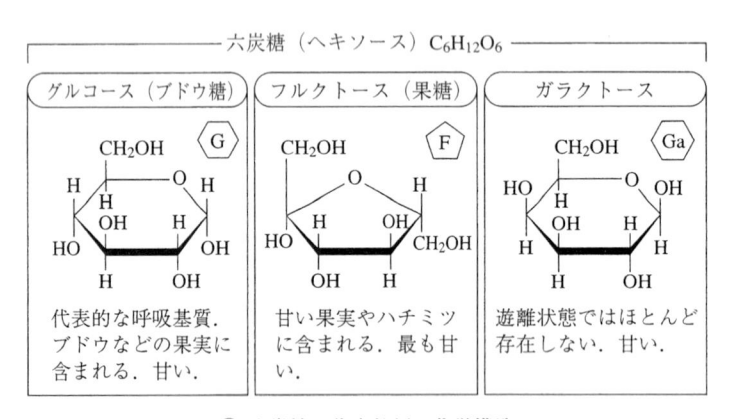

⑤ 六炭糖の代表的例の化学構造

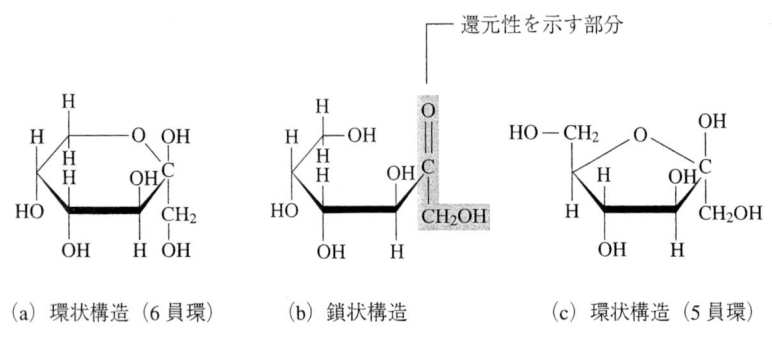

(a) 環状構造（6員環）　(b) 鎖状構造　(c) 環状構造（5員環）

⑥ フルクトースの水溶液中での構造

ガラクトースは遊離状態で存在することはまれで，種々の糖類中に存在し，それらの加水分解で得られる．この他，コンニャク芋などに含まれる多糖類として広く分布し，その加水分解で得られるマンノースなどがある（⑦）．

α-D-マンノース
（平衡溶液中 69 %）

β-D-マンノース
（平衡溶液中 31 %）

⑦ D-マンノースのアノマー

3-2-3　二糖類

　加水分解により2分子の単糖に分けられる二糖類の代表的なものには，スクロース，マルトースおよびラクトースなどがある（⑧）．

●二糖類…加水分解すると2分子の単糖類に分けられる（$C_{12}H_{22}O_{11} + H_2O \rightarrow 2C_6H_{12}O_6$）．すべて $C_{12}H_{22}O_{11}$．

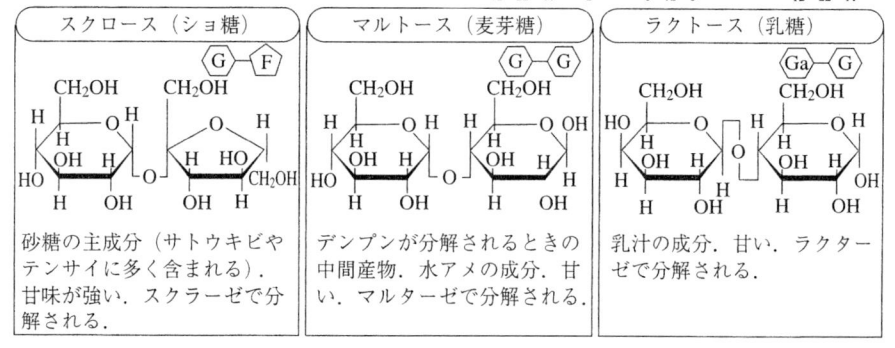

スクロース（ショ糖）	マルトース（麦芽糖）	ラクトース（乳糖）
砂糖の主成分（サトウキビやテンサイに多く含まれる）．甘味が強い．スクラーゼで分解される．	デンプンが分解されるときの中間産物．水アメの成分．甘い．マルターゼで分解される．	乳汁の成分．甘い．ラクターゼで分解される．

⑧ 二糖類の代表的例の化学構造

スクロース（ショ糖）：砂糖（サトウキビやテンサイに含まれる）の主成分で，スクラーゼで分解され，グルコースとフルクトースを生ずる．

マルトース（麦芽糖）：麦芽中に多量に含まれる β-アミラーゼによってデンプンが糖化される際に生ずる水アメの成分で，さらにマルターゼや希酸により分解されると2分子のグルコースを生成する．

ラクトース（乳糖）：ヒト，ウシその他ほとんどすべての動物の乳に含まれる．ラクターゼにより加水分解されグルコースとガラクトースを生成する．

　この他，セルロースの部分的な加水分解で得られる二糖類の**セロビオース**がある．

　さらに，三糖類や四糖類などの**オリゴ糖**がある．

3-2-4　窒素を含む単糖

糖類には窒素を含むグリコシルアミンやアミノ糖などがある.

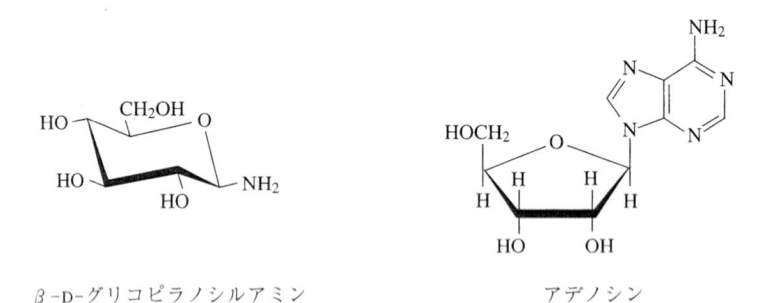

グリコシルアミン：糖の環化で生じた C-1 位のアノメリック OH 基をアミノ基で置換した糖をグリコシルアミンという. たとえば, β-D-グリコピラノシルアミンやアデノシンがある. アデノシンは**ヌクレオシド** (**nucleoside**) と呼ばれるグリコシルアミンの 1 つである. ヌクレオシドとは, アミノ基部分にピリミジンまたはプリン, 糖の部分に D-リボースまたは 2-デオキシ-D-リボースが結合したグリコシルアミンであり, それぞれ RNA（リボ核酸）と DNA（デオキシリボ核酸）の重要な構成成分である（⑨）.

β-D-グリコピラノシルアミン　　　アデノシン

⑨ 窒素を含む糖グリコシルアミン

アミノ糖：糖のアルコール性 OH 基をアミノ基で置換したものをアミノ糖といい, D-グルコサミンはその代表例である. 多くの場合, アミノ基はアセチル化され, N-アセチル-D-グルコサミンの形である. N-アセチルムラミル酸はバクテリアの細胞膜の重要な成分である. 動物の角, エビやカニの甲羅などの主成分であるキチンも, N-アセチル-D-グルコサミンが β-1,4 結合した多糖類である（⑩）.

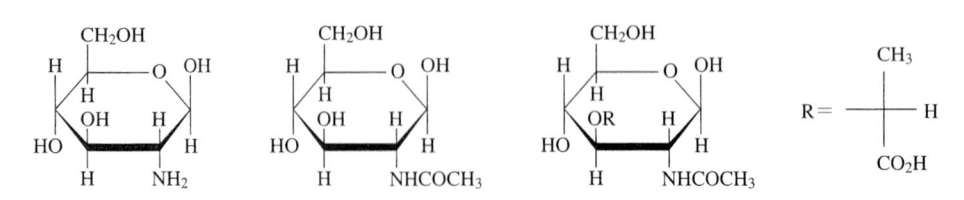

β-D-グルコサミン　　β-N-アセチル-D-グルコサミン　　β-N-アセチルムラミル酸
　　　　　　　　　　　　　（NAG）　　　　　　　　　　　（NAM）

⑩ 窒素を含む糖アミノ酸

D-グルコサミンはエビやカニの甲羅や昆虫の外殻にある多糖のキチン (chitin) を加水分解すると得られる. キチン中ではそのアミノ基はアセチル化されている.

キチンの化学構造

3-3 多糖類

多糖類は，グルコースがたくさんつながった高分子量の炭水化物であり，植物性のセルロースやデンプンと動物性のグリコーゲンがある．セルロースは植物の細胞壁，デンプンは植物の細胞，またグリコーゲンは動物の肝臓にあり，これらの構成成分はグルコースである．

3-3-1 セルロース

セルロース (cellulose) は，植物細胞の細胞壁*の主成分であり繊維素とも呼ばれ，地球上で最も多く存在する炭水化物である．自然状態においてはヘミセルロースやリグニンと結合して存在するが，綿はほとんどがセルロースである．

植物はセルロースを次のように産生する．光合成により生成した前駆体の D-グルコースは，酵素の助けにより C-1 位の OH 基がリン酸エステル化され，反応性の高いウリジン二リン酸-グルコース (UDP-グルコース) に誘導される．この反応は細胞膜上に存在する UDP 形成セルロースシンターゼの作用によって起こる．UDP-グルコースは，別のグルコース分子の攻撃を受けて，次々に新たな β-1,4-グリコシド結合をつくりながら高分子量のセルロースを生成する（**式7**）．

---

* 植物の細胞壁は，細胞膜とは区別されるもので，ペクチン（ペクチン酸からなる酸性多糖類；図）からなる薄膜がまずでき，その両側にセルロースが加わって厚い膜（数 μm）になったものである．古くなるとリグニンがセルロースに加わって木質化する．なお，動物細胞には細胞壁は存在しない．

ペクチン酸の化学構造

式7 セルロースの生成反応

　この重合に要するエネルギーは，ATP が ADP へ加水分解されるときに遊離されるエネルギーでまかなわれる（式8）（図2-3 (p.25) 参照）．

$$ATP + H_2O \longrightarrow ADP + H_3PO_4 + ca.\,8\,kcal$$
$$ADP + H_2O \longrightarrow AMP + H_3PO_4 + ca.\,8\,kcal$$

式8 ATP のエネルギーの遊離

　このように生成したセルロースは植物の細胞壁の主体をなしており，多くの分子が集合してミクロフィブリル構造を形成する．この中でセルロースは分子間水素結合により配列して，直径 5〜6 nm の結晶領域（ミセル）を形成する（**図2-7，図2-8**）．

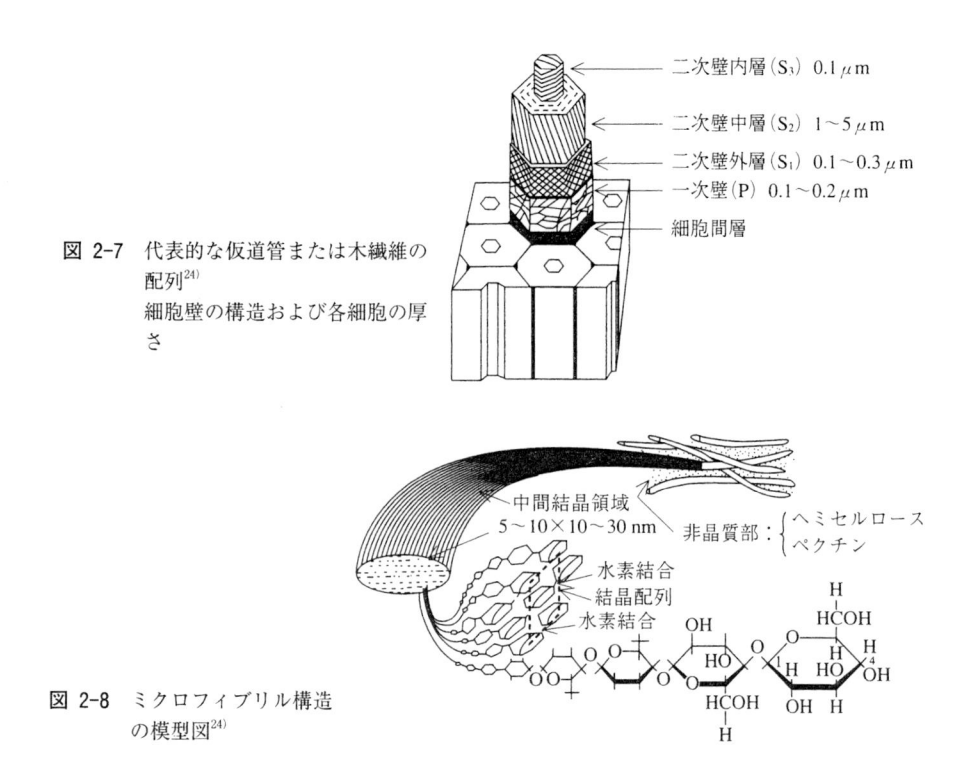

図 2-7 代表的な仮道管または木繊維の配列[24]
細胞壁の構造および各細胞の厚さ

二次壁内層(S₃) 0.1 μm
二次壁中層(S₂) 1〜5 μm
二次壁外層(S₁) 0.1〜0.3 μm
一次壁(P) 0.1〜0.2 μm
細胞間層

図 2-8 ミクロフィブリル構造の模型図[24]

中間結晶領域 5〜10×10〜30 nm
水素結合
結晶配列
水素結合
非晶質部：ヘミセルロース、ペクチン

3-3-2 ヘミセルロースとリグニン

自然界で大量に産生されている木材の主要成分には，セルロースの他に，ヘミセルロースとリグニンがある（**表 2-3**）．ヘミセルロースは種々の糖残基からなる，分岐構造の重合度約 100 〜 200 の多糖類である（⑪）．

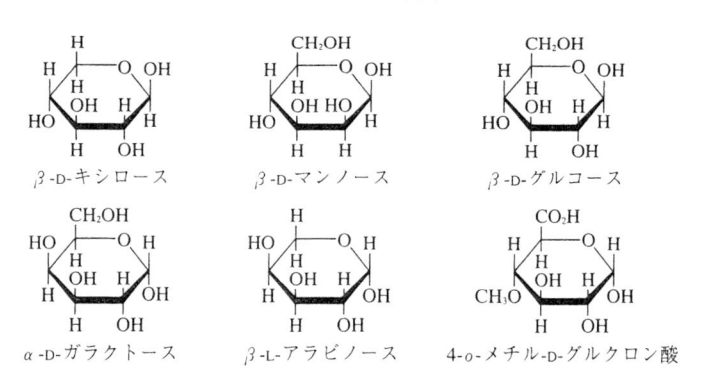

β-D-キシロース　　β-D-マンノース　　β-D-グルコース

α-D-ガラクトース　β-L-アラビノース　4-o-メチル-D-グルクロン酸

⑪ ヘミセルロースを構成する糖残基

表 2-3 木材の主要成分比率（%）

樹　種	セルロース	ヘミセルロース	リグニン
針葉樹	50〜55	15〜20	25〜30
広葉樹	50〜55	20〜25	20〜25

（注）綿花のセルロース 90〜98 %

リグニンはフェニルプロパンを単位とするポリフェノール性，三次元網状構造の非晶性高分子である（⑫，針葉樹：(a) 主成分，(b) と (c) 微量．広葉樹：(a) と (b) 主成分，(c) 少量）．

⑫ リグニン構成単位の化学構造

なお，微生物によりグルコースなどの単糖から合成され，細胞の外に産生されるバクテリアセルロースがある．その代表的な微生物として，酢酸菌の一種である *Acetobacter xylinum* がよく知られている．

3-3-3 デンプン[*1]

デンプンの生合成に関与するのはアデノシン二リン酸グルコース（ADPG）であるといわれている．デンプンは，セルロースと同じように酵素の作用により α-D-グルコースが α-1,4-グリコシド結合（一部 α-1,6-グリコシド結合）で多数つながった多糖類で，直鎖状のアミロースと枝分かれのあるアミロペクチンの混合物である（⑬，⑭）．

植物の種子，根などに蓄えられているデンプンは，米，麦などの穀類やイモ類の主成分であり，タンパク質，脂肪と共に動物の大切な栄養源である．片栗粉[*2]はカタクリからとったほぼ純粋なデンプンである．

アミロース：α-1,4 結合のグルコース環からなり，水に溶ける．

アミロペクチン：分岐構造（6-位の OH 基）をもつ α-1,4 結合のグルコース環からなり，水に溶けない．

⑬ アミロースの化学構造

[*1] 通常は混合物で，餅米は 100 % アミロペクチン，普通米は 20 % のアミロースを含む．
[*2] 多くはカタクリではなく，ジャガイモやトウモロコシからつくる．

⑭ アミロペクチンの化学構造

3-3-4 グリコーゲン

グリコーゲンは食物として摂取された単糖類やグリセリンなどから，生体内でデンプンと同じように酵素の作用により α-D-グルコースが α-1,4-グリコシド結合によって多数つながった枝分かれの非常に多い多糖類である．動物の貯蔵多糖として知られ，動物デンプンあるいは糖源とも呼ばれる．植物デンプンに含まれるアミロペクチンよりもはるかに分岐が多く，3残基に1回の分岐がある．直鎖部分の長さは 12〜18 残基からなり，分岐の先がさらに分岐し，網目構造をとる．

3-3-5 再生セルロース

再生セルロースは，木材パルプなどを水酸化ナトリウム水溶液と二硫化炭素の混合液に溶解し，ビスコース液（セルロースキサントゲン酸ナトリウム）にした後，酸性浴中で再生凝固して得られる（**式9**）．繊維状の再生セルロースがレーヨン，またフィルム状のものがセロハンである．

$$\text{Cell}-\text{OH} + \text{NaOH} + \text{CS}_2 \longrightarrow \text{Cell}-\text{O}-\underset{\underset{S}{\|}}{C}-\text{SNa} + \text{H}_2\text{O}$$

セルロース　　　　　　　　　　　　　セルロースキサントゲン酸ナトリウム

$$\text{Cell}-\text{O}-\underset{\underset{S}{\|}}{C}-\text{SNa} + \tfrac{1}{2}\text{H}_2\text{SO}_4 \longrightarrow \text{Cell}-\text{OH} + \text{CS}_2 + \tfrac{1}{2}\text{Na}_2\text{SO}_4$$

再生されたセルロース

式9 再生セルロースの生成反応

また，銅アンモニア水溶液（シュバイツァー試薬）に溶解後，再生凝固する．

$$\text{CuO} + 2\text{NH}_4\text{OH} \longrightarrow [\text{Cu}(\text{NH}_3)_4][\text{OH}]_2$$

$$(\text{Cell}-\text{O})_2[\text{Cu}(\text{NH}_3)_4] \longrightarrow 2\,\text{Cell}-\text{OH}$$

3-3-6 セルロース誘導体

セルロース誘導体は OH 基をエステル化やエーテル化してつくられる．誘導体

の特性は，グルコース残基中の3個のOH基が置換した割合（置換度：0〜3の範囲）によって異なる．代表的なものに酢酸セルロースや硝酸セルロースがある（**式 10**）．酢酸セルロースは繊維やフィルムとして，硝酸セルロースの置換度の高いものは火薬として使用される．

$$Cell-OH + HNO_3 \longrightarrow Cell-ONO_2 + H_2O$$
硝酸セルロース

$$Cell-OH + (CH_3CO)_2O \longrightarrow Cell-O-COCH_3 + CH_3COOH$$
酢酸セルロース

式 10 セルロース誘導体の生成反応

3-4 天然ゴム

天然ゴムはゴムの木の分泌物（ラテックスと呼ばれる）から得られる．ラテックスは30〜40％のゴム成分を含み，ほぼ純粋なシス-1,4-ポリイソプレンからなっている．

天然ゴムも酵素の助けにより，リン酸エステル誘導体を経て生成する．まず，アセチルコエンザイムA（アセチル補酵素）の反応によってメバロン酸（Ⅰ）を生成する．（Ⅰ）は酵素の作用でメバロン酸-5-ピロリン酸（Ⅱ）を生成し，（Ⅱ）の脱水・脱炭酸によりイソペンテニルピロリン酸（Ⅲ）を生成する．（Ⅲ）の平衡で生成する3,3-ジメチルアリルピロリン酸（Ⅳ）は酵素の作用でシス構造のイソプレン二量体を生成する．このような反応が段階的に進行して分子量数万から数百万のシス-1,4-ポリイソプレンになる（**式 11**）．

式 11 天然ゴムの生成反応

4 タンパク質

タンパク質はアミノ酸からなり，生体の細胞質および細胞核の主要な構成成分をなし，生命現象に深くかかわっている重要な物質である．多種多様なタンパク質は，生体組織の形成，生体反応の触媒・調節，酸素の運搬，遺伝情報の保存・伝達など，それぞれ固有の機能を発現し，絶えず変化する生命現象を支えている．

4-1 構成アミノ酸

タンパク質[*1]を構成するアミノ酸は，⑮で示され，側鎖 R の違いによって20数種類あり，いずれも α-アミノ酸[*2]である（**表 2-4**）．このうち20種類が，細胞によるタンパク質の合成に利用される．この他，ポリペプチド鎖が完成した後に合成されるヒドロキシプロリンおよびシスチン（⑱ (p.52) 参照）がある．また，タンパク質の酸または酵素による分解で得られるアミノ酸は，グリシンを除き，いずれも不斉炭素原子をもち，すべて L 型である．

表 2-4　天然タンパク質中の L-アミノ酸 $H_2NCHCOOH$（R）

名　称	側　鎖(R)	略号	1文字記号	名　称	側　鎖(R)	略号	1文字記号
グリシン (Glycine)	$-H$	Gly	G	グルタミン (Glutamine)	$-CH_2CH_2CONH_2$	Gln	Q
アラニン (Alanine)	$-CH_3$	Ala	A	リシン* (Lysine)	$-CH_2CH_2CH_2CH_2NH_2$	Lys	K
バリン* (Valine)	$-CH(CH_3)_2$	Val	V	アルギニン (Arginine)	$-CH_2CH_2CH_2NHC(NH_2)=NH$	Arg	R
ロイシン* (Leucine)	$-CH_2CH(CH_3)_2$	Leu	L	システイン (Cysteine)	$-CH_2-SH$	Cys	C
イソロイシン* (Isoleucine)	$-CH(CH_2CH_3)(CH_3)$	Ile	I	メチオニン* (Methionine)	$-CH_2CH_2-S-CH_3$	Met	M
セリン (Serine)	$-CH_2-OH$	Ser	S	ヒスチジン (Histidine)	$-CH_2-$(imidazole)	His	H
トレオニン* (Threonine)	$-CH(OH)(CH_3)$	Thr	T	トリプトファン* (Tryptophan)	$-CH_2-$(indole)	Trp	W
プロリン (Proline)	(環状)-COOH	Pro	P	フェニルアラニン* (Phenylalanine)	$-CH_2-C_6H_5$	Phe	F
アスパラギン酸 (Aspartate)	$-CH_2COOH$	Asp	D	チロシン (Tyrosine)	$-CH_2-C_6H_4-OH$	Tyr	Y
アスパラギン (Asparagine)	$-CH_2CONH_2$	Asn	N				
グルタミン酸 (Glutamate)	$-CH_2CH_2COOH$	Glu	E				

* 必須アミノ酸

[*1] タンパク（蛋白）質, protein：20種の α-アミノ酸を構成単位とするポリアミドである．蛋白の蛋は，中国語の卵を意味する．英語名の protein は，生体の生命現象に"主要なもの"を表すギリシャ語 primaruy が語源になっている．
[*2] α-アミノ酸, α-amino acid：カルボキシル基とアミノ基が同一炭素原子に結合しているもの．β-, γ-, δ-アミノ酸は，アミノ基が順次隣の炭素原子に移ったもの．

⑮ アミノ酸の一般式

式 12 ペプチド結合の生成

このようなアミノ酸は，植物と動物によって合成されるが，多くの高等動物はそのタンパク質をつくるために必要なアミノ酸をすべて合成することはできない．それゆえ，これらの高等動物は食物からある種のアミノ酸を摂取する必要があり，これを必須アミノ酸という．ヒト成人には8種類の必須アミノ酸がある．

4-2 タンパク質の生成

アミノ酸は，カルボキシル基とアミノ基の間で脱水縮合し，アミド結合をつくりながら分子量の大きい化合物を生成する．このようなアミド結合をとくにペプチド結合という．タンパク質はこのような結合を多数もったポリペプチド (polypeptide) であり，分子量は一般に約3万〜30万の高分子化合物であるが，小さいものは5千程度，大きいものは数千万に及ぶものもある (**式12**).

細胞内では，タンパク質は次のような過程で合成される．

① アミノ酸と ATP が反応して，活性な"アミノ酸…AMP"を生成し，二リン酸を脱離する．
② "アミノ酸…AMP"と tRNA (トランスファーリボ核酸) が反応して，"アミノ酸…tRNA"を生成する．
③ "アミノ酸…tRNA"とポリペプチド鎖の末端にあるアミノ酸残基が DNA の遺伝情報に従って結合する．
④ この反応が繰り返され，特定のアミノ酸配列順序をもった高分子量のタンパク質が生成される (**式13**).

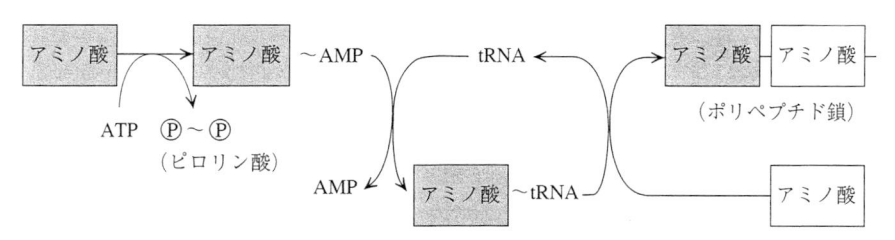

式 13　タンパク質の生体内での合成過程

4-3　タンパク質の分類

タンパク質は，アミノ酸のみからなる単純タンパク質と，さらに他の有機化合物を含む複合タンパク質に大別できる．

単純タンパク質：アルブミン，グロブリン，硬タンパク質（腱コラーゲン，爪や毛髪のケラチン）

複合タンパク質：核タンパク質（＋核酸），リポタンパク質（＋リン脂質），糖タンパク質（＋糖），色素タンパク質（＋鉄，銅，有機色素：ヘモグロビン，シトクロムなど）

また，形状から，コラーゲン，ケラチンなどのように構造組織を形成するものおよび生体内の物質代謝をつかさどる酵素，ホルモンなどの球状のタンパク質にも分類できる．

4-4　タンパク質の立体構造

タンパク質は，多数のアミノ酸がペプチド結合によってつながったポリペプチド鎖からできているため，アミノ酸同士の相互作用によりさまざまな立体構造をとることができ，多様な機能を発現する．

タンパク質の立体構造には，一次構造および二次構造以上の高次構造があり，その主鎖は安定な右巻きのらせん構造（α-ヘリックス）をとっている（図 2-9(a)）．

一次構造：アミノ酸の配列順序を示した構造．

二次構造：一次構造に対して，分子内や分子間で水素結合により局所的に形成されるα-ヘリックス構造（らせん）やβ-シート構造．

　α-**ヘリックス構造**：NH 基と CO 基の分子内水素結合により生成する．

　β-**シート構造**：分子間の水素結合により生成し，結合の仕方によって平行と，逆平行ができる（図 2-9(b)）．

三次構造：二次構造をとったポリペプチド鎖がジスルフィド結合（−S−S−）や疎水結合などで特定の形に構築される三次元的な立体構造．

(a) α構造（らせん）

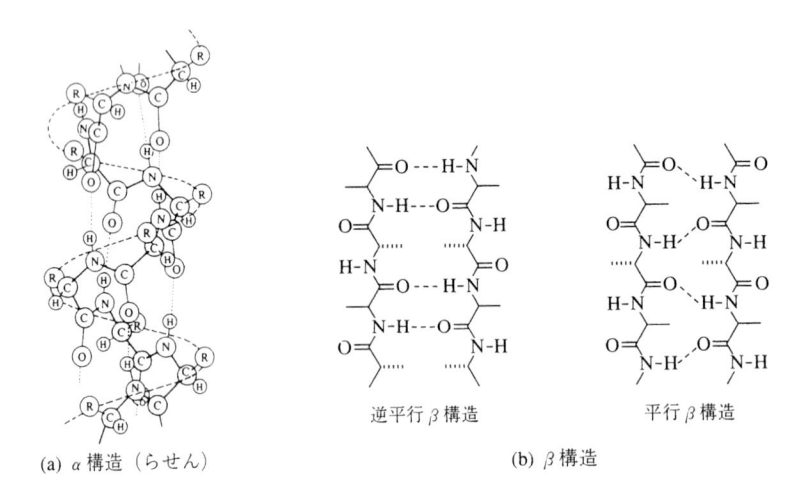

(b) β構造

逆平行β構造　　平行β構造

図 2-9 タンパク質のαおよびβ構造[17]

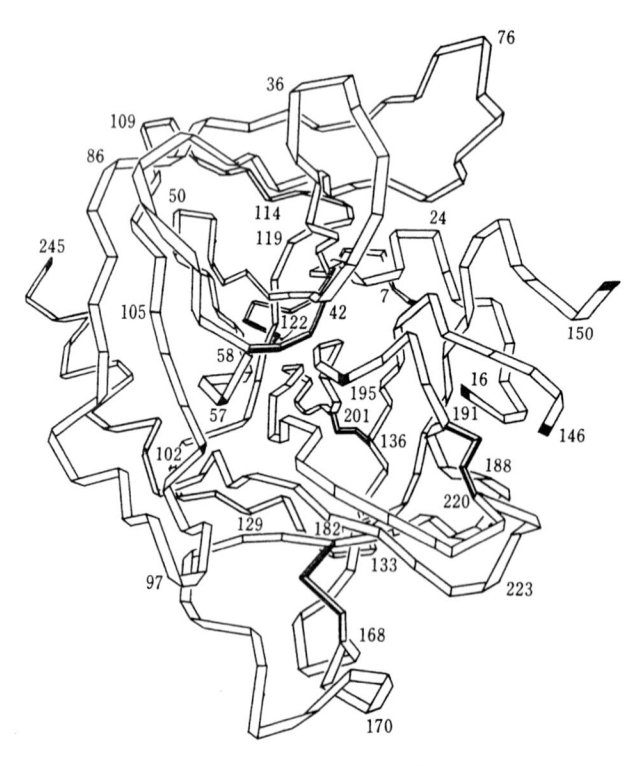

図 2-10 α-キモトリプシンの三次構造[10]．図中の番号はアミノ酸残基の番号．黒くぬった個所は末端アミノ酸または触媒中心を構成するアミノ酸残基 (Asp-102, His-57, Ser-195)．半分影をつけた部分はジスルフィド結合の位置を表す．S-S結合：1-122, 42-58, 136-201, 168-182, 191-220

例えば，α-キモトリプシンのジスルフィド結合（−S−S−），水素結合などにより発現する立体構造（図2-10）．

5 核 酸

核酸（nucleic acid）は細胞核の中から発見され，酸性を示すことから名付けられた物質で，生体の遺伝情報を担う高分子物質である．核酸は，**デオキシリボ核酸**（**DNA**；deoxyribonucleic acid の略）と**リボ核酸**（**RNA**；ribonucleic acid の略）の2つに大別される．DNA は大部分が核内の染色体に含まれ分子量6百万〜10億ぐらい，RNA は核の核小体や細胞質のリボソームなどに含まれ分子量数万〜2百万ぐらいの高分子である．

5-1 核酸の成分と構造

核酸は，**ヌクレオチド**（nucleotide）と呼ばれる，糖と5種類の塩基およびリン酸からなる構成単位が多数つながってできている．糖は五炭糖で，DNA では**デオキシリボース**（$C_5H_{10}O_4$），RNA では**リボース**（$C_5H_{10}O_5$）を含む．DNA と RNA のそれぞれのヌクレオチドの構成物質は**表2-5**の通りである．5種類の塩基の構造式を表の下に示す．

ヌクレオチドは，糖のC-1位で塩基，C-5位でリン酸がそれぞれ結合している．RNA はヌクレオチドが数十〜数百，ときには1000本以上が1本の長い鎖状につ

表 2-5　核酸（DNA と RNA）の構成物質

核　酸	構　造	核酸の数	核酸を構成する糖	塩　基
DNA	二重らせん	数千〜数百万	デオキシリボース	A, T, G, C
RNA	単鎖構造	数十〜数千	リボース	A, U, G, C

アデニン（A）　　グアニン（G）　　チミン（T）

シトシン（C）　　ウラシル（U）

(a) DNA の構造　　(b) RNA の構造

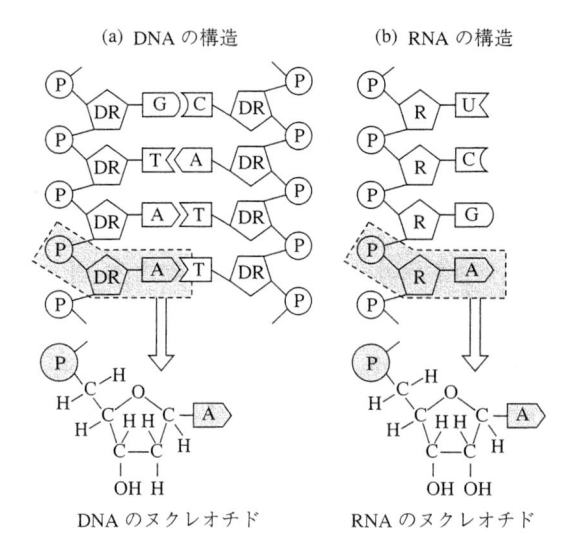

図 2-11 DNA と RNA の構造（模式図）
DR：デオキシリボース，R：リボース，P：リン酸，
A, C, G, T, U：塩基

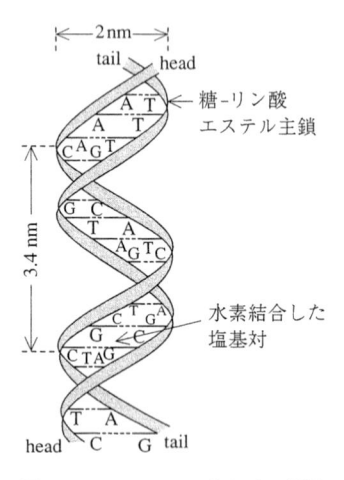

図 2-12 DNA の二重らせん構造

ながった構造をしている．DNA は，2 本のヌクレオチド鎖がそれぞれ数千個以上つながり，リボン状構造からなる二重らせん構造を形づくっている（⑯，⑰ および図 2-11，図 2-12）．

⑯ DNA の化学構造

⑰ DNA の水素結合

　このような DNA の二重らせん構造は，1953 年にワトソン (Watson) とクリック (Crick) によって提案されたものである．

表 2-6 RNA の 3 つのタイプと機能

名称	存在場所	機能
伝令 RNA (mRNA)	核でつくられ，細胞質中に出ていく．	DNA の遺伝情報を転写し，細胞質中に運び出す伝令の役割を果たしている．
運搬 RNA (tRNA)	細胞質中に存在する．	タンパク質をつくるのに必要なアミノ酸をリボソームのところへ運搬する働きをする．
リボソーム RNA (rRNA)	リボソーム中に含まれている．	伝令 RNA と結合し，遺伝情報を解読し，それに合ったタンパク質を正しく合成させる．

5-2 核酸の種類と機能

5-2-1 DNA*

DNA は，鎖状につながるヌクレオチドの数と，鎖間をつなぐ A…T，G…C の組み合わせによる配列の違いによって，無数の種類が存在する．また，DNA は遺伝子の本体であり，どのようなタンパク質をつくるかを決定する情報（遺伝情報）をもち，生物個体の形質を支配している．その情報は，DNA 内の塩基配列に組み込まれている．

5-2-2 RNA

RNA にも，ヌクレオチドの数と，塩基の配列順序の違いによって，無数の種類が存在する．RNA はその存在する場所と機能によって表 2-6 のように 3 つのタイプに分けられる．

6 動物由来の繊維

タンパク質からなる動物由来の絹や羊毛は，セルロースからなる木綿，麻などの植物性繊維と共に，衣料品などとして古くから使われてきた．

6-1 絹

一般に，カイコがつくる繭を家産繭，その繭からの糸を生糸，そして生糸からセリシンを除いた糸を絹（シルク）という．カイコ（家蚕）がつくる繭繊維は，フィブロイン質約 70〜80 %，セリシン約 20〜30 % と少量の無機物（約 0.7 %），ワック

---

* 約 60 兆個を超える細胞からできている人体は，たった 1 つの細胞の分裂増殖によって生まれる．この細胞の働きをつかさどるのが DNA と RNA であり，DNA の設計図に基づいて身体のすべての器官・組織がつくられる．

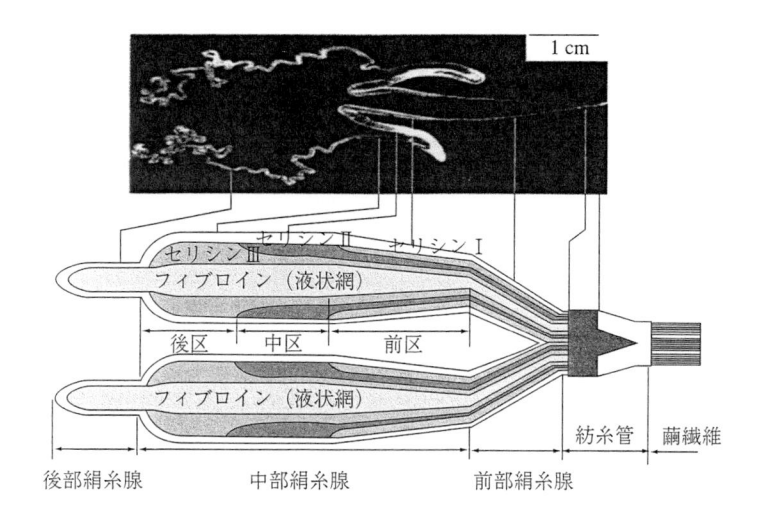

図 2-13 家蚕絹糸腺の写真と絹糸腺のモデル[38]
馬越 淳・馬越芳子『"ファイバー" スーパーバイオミメティックス』(本宮達也 監修) (エヌ・ティー・エス, 2006) より.

ス (約 0.6 %) からなっている. 繭繊維は, カイコの体内で合成された絹タンパク質の粘液が空気中に吐き出され, 固まり繊維化したものである. この繊維は 2 本のフィブロインからなり, その周りをコロイド状のセリシンが覆っている. 繭繊維の長さは約 1500 m, 重量は約 0.3 ～ 0.5 g である.

フィブロインとセリシンのアミノ酸組成は著しく異なる. フィブロインの主成分は, グリシン (約 51 %), アラニン (約 32 %), セリン (約 0.8 %) である. 一方, セリシンの主成分は, 名称の由来ともなるセリンが多く (約 31 %), その他グリシン (約 19 %), アスパラギン酸 (約 8 %) などである.

カイコが成熟すると, 絹糸腺内でアミノ酸を重合し, 絹タンパク質がつくられる. 絹糸腺は, 後部, 中部, 前部の 3 つの器官に分けられている. フィブロインは後部絹糸腺の細胞内でつくられ, 濃度約 12 % の弱いゲルで, 主にランダムコイル状である. 中部絹糸腺でセリシンがつくられ, 液状絹と呼ばれる. ここではフィブロインは約 25 % に濃縮され, 主にランダムコイル状のゲルであるが, α-型結晶核を多く含んでいる. 前部絹糸腺で, ゲル状の絹フィブロインはゾル状に変化し, フィブロイン分子は配向する. ここでセリシンは, フィブロインを保護しながら流れやすくすると同時に, 繊維を固定化する糊の役目をしている* (図 2-13, 図 2-14).

---

* 昆虫がつくるタンパク質繊維はたくさんある. クモの糸は風雨に曝されながらも粘着性と強度を損なわず昆虫を捕獲する機能を保っている. この糸は, 粘着性の "横糸" と, 網の枠糸や縦糸, 高強度の命綱など 6 種類からなっている. そして, 直径数 μm の細さでよく伸び, 強く, しかも, 紫外線などにより劣化しない優れものである.

セリシン

フィブロイン

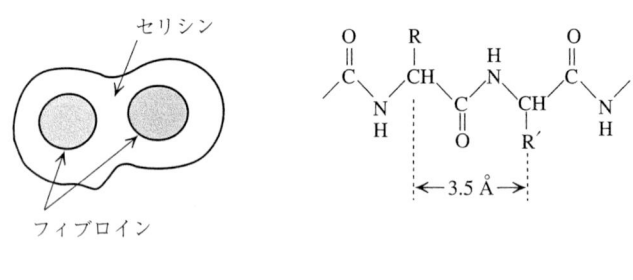

生糸の断面

生糸の構造

図 2-14　生糸の構造断面

6-2　羊毛

羊毛（ウール）は，アミノ酸が複雑に結合したケラチンと呼ばれるタンパク質からできている．ケラチンはシスチン残基を多く含み，分子間あるいは分子内にジスルフィド結合（−S−S−）を形成しているため（⑱），羊毛は優れた弾性を発現する．

⑱　シスチン結合

また，羊毛は多くの細胞からなっており，中心，中層，鱗片（りんぺん）の三組織に大別できるが，中層組織の性質によって，各繊維に巻縮（けんしゅく）を生じ波状を示す（図 2-15）．巻縮

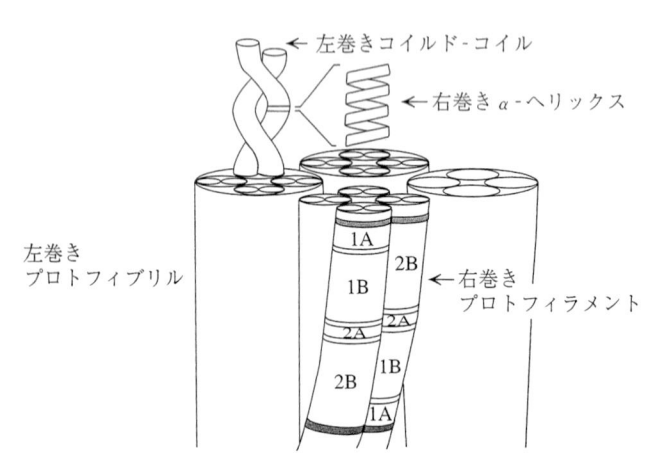

左巻きコイルド-コイル
右巻き α-ヘリックス
左巻きプロトフィブリル
右巻きプロトフィラメント

図 2-15　羊毛繊維の皮質部の模式図（IF フィラメントのプロトフィブリルモデル）[38]
新井幸三『"ファイバー" スーパーバイオミメティックス』（本宮達也 監修）（エヌ・ティー・エス，2006）より．

の数は，羊毛の種類によって異なるが，1 cm 当たり 1～10 個程度である．

羊毛は縮んだ状態では折りたたまれた α-ケラチン状に，引き伸ばした状態では β-ケラチン状になり，可逆的に変化する（**式 14**）．羊毛の分子間には多くのシスチン結合（ジスルフィド）が存在し，羊毛に優れた弾性を与えているが，この結合はアルカリにより切れやすい．

式 14 α と β-ケラチン構造

7 微生物産生高分子

これまで述べてきた天然高分子は，すべて微生物によって分解され自然界に還元される物質である．また，微生物によって産生される多糖類やポリエステルなどは生分解性高分子として注目されているので，それらを紹介する．

7-1 バイオセルロース

バイオセルロースは微生物が産生するセルロースで，フィルム状で得られる唯一の天然セルロースであり，グルコースなどの単糖を炭素源とし，細胞の外に産生される．それを産生する菌には *Acetobacter* (*A.*) *xylinum*, *A. pastourianus*, *Hansenii* などが知られている（図 2-16）．

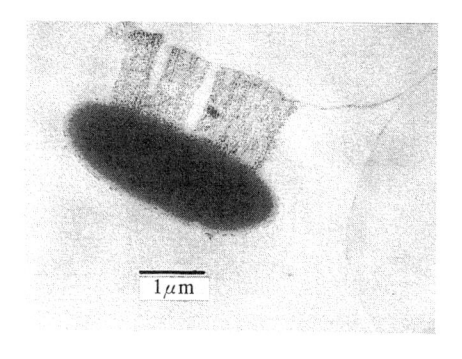

図 2-16 バイオセルロース生成の電子顕微鏡写真
［甲斐 昭氏の厚意による］

7-2 カードラン

カードランは *Alcaligenes faecalis* var. *myxogenes* 10C3, *Agrobacterium* などによって産生され, ほぼ100 %, β-1,3-グルコシド結合からなる多糖で, その平均重合度は約400〜500である (⑲).

⑲ カードランの化学構造

7-3 プルラン

プルランは, *Aureobasidium pullulans* が細胞外に生成する水溶性多糖の一種であり, 主として3個のグルコースがα-1,4結合したマルトトリオースが, α-1,6結合した直鎖状の化合物である (⑳).

⑳ プルランの化学構造

7-4 微生物産生ポリエステル

微生物によってつくられるポリエステルの代表例に, ポリ(3-ヒドロキシブチレート(P(3HB))がある (㉑, 図2-17).

P(3HB) は 1925 年にフランス・パスツール研究所のラミーン (Lemoigne) によって見出された微生物産生ポリエステルである．微生物 *Bacillus megaterium*, *A. eutrophus* などによって菌体内に生産され，D体の3-ヒドロキシブチレート (3HB) を単位とする光学活性ポリマーで，微生物のエネルギー貯蔵物質である．

P(3HB) は生分解性に優れており，1990年に ICI 社（イギリス）が 3HB の共重合体をドイツでシャンプーボトルとして試験販売して以来注目されるようになった．

共重合体には P(3HB-co-3HV) (㉒)，P(3HB-co-3HP) (㉓) などがある．

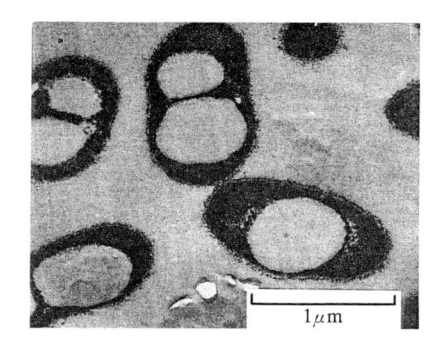

㉑ P(3HB) の化学構造

図 2-17 P(3HB) を蓄積している微生物 *A. eutrophus* の電子顕微鏡写真 ［土肥義治氏の厚意による］

㉒ 3HB (3-ヒドロキシブチレート) 3HV (3-ヒドロキシバリレート) 共重合体

㉓ 3HB (3-ヒドロキシブチレート) 3HP (3-ヒドロキシプロピオネート) 共重合体

バイオセルロースは細胞外に生産されるが（図 2-16），3-ヒドロキシブチレートは細胞内に生産される（図 2-17）．

7-5 植物を原料とする高分子

トウモロコシなどから得られるデンプンからも,高分子(ポリエステル)がつくられる.中でもポリ乳酸は,環境対策として開発された生分解性高分子の1つで,繊維やプラスチック製品などの分野で急速に普及され始めた.ポリ乳酸は,トウモロコシからデンプンを取り出し,これを乳酸発酵してラクチドを得た後,重合して得られる(式15).

$$\text{トウモロコシ} \longrightarrow \text{デンプン} \xrightarrow{\text{乳酸発酵}}$$

$$\text{ラクチド} \xrightarrow{\text{重合}} \text{ポリ乳酸}$$

$$-\!\!\left(\!\!\text{O}-\underset{\underset{\text{O}}{\|}}{\text{CH}}\!\!-\!\!\overset{\overset{\text{CH}_3}{|}}{\text{C}}\!\!\right)_{\!\!n}$$

式15 ポリ乳酸の生成反応

---

column　ナノセルロース

セルロースは,植物の光合成によりCO_2が固定化された炭水化物の1つであり,繊維素とも呼ばれ高分子科学の草創期の研究に用いられた高分子物質である.セルロースはヘミセルロースとリグニンと共に木材の主要な構成成分であり,紙・パルプの原料としては膨大な量が消費されており,日常生活を支えている.しかも,森林資源として地球上に最も多量に蓄積されている無限に再生可能な高分子物質である(我が国では,年間約9500万トンのCO_2が森林により吸収されている).さらに,CO_2による地球温暖化の防止や,化石燃料に替わるバイオ燃料としても大きな役割を果たしている.

ナノセルロースとは,セルロース繊維をナノレベルの超微細にほぐしたセルロースであり,分子構造はセルロースと全く同じである.このナノセルロースは他の素材と複合化すると,軽くて耐久性に優れるなど,従来の紙やパルプにはみられない特性を発現するため,近未来の新素材として期待が高まっている(図2-8および表2-3参照).

第3章

合成高分子の生成

　高分子は構成単位のモノマーが繰り返し化学的に結合することによって生成される．これを重合という．本章では，まず天然高分子と合成高分子の生成過程や特性などを比較する．次いで，合成高分子の生成反応とその特徴などの例を示しながら，逐次重合系「a) 重縮合，b) 重付加，c) 付加縮合反応」および連鎖重合系「a) 付加重合，b) 開環重合，c) 配位重合反応」について順次説明する．とくに，進歩の目覚ましい配位重合については新規な触媒による重合例を紹介する．

1　天然高分子と合成高分子の特徴の比較

　高分子は構成単位のモノマーが，繰り返し化学的に結合することによって生成される．これを重合 (polymerization) という．重合反応は，通常の化学反応と同じようにエネルギーを吸収して活性錯合体 (activated complex) を経て起こるが，天然高分子と合成高分子では生成過程が著しく異なる．また，両者の分子構造や特性などに異なるところが多い．それらの特徴を比較し図3-1に示す．

　天然高分子は，モノマーと酵素のリン酸エステル誘導体 (ATP：アデノシン三リン酸) が少ないエネルギーで活性錯合体を形成して生成する (第2章2節「植物の同化作用」参照)．そのため温和な条件下で重合反応が容易に進む．また，重合反応が精密に規制されているため，分子量や分子構造が制御されている．しかし，木材などにみられるように，天然高分子の特性 (品質) や産出量は，同種のものであっても生育環境 (産地, 気候, 季節, 品種など) により著しく影響される．また，耐久性の面では必ずしも優れていないものの，自然環境下で容易に分解し生態系に戻るなど自然に優しい性質をもっている．

　一方，合成高分子は，特殊な触媒を用いてかなり厳しい反応条件下で重合を行うため，分子量や分子構造の制御が困難なことが多い．しかし原料 (モノマー) の選択・輸送が自由で計画的な生産 (少量 ～ 大量生産) が可能である．また，天候などの自然環境 (立地条件) に影響されず均質なものが生産できるなどの利点がある．

　このような合成高分子が日常生活や産業活動など広い分野に普及されるように

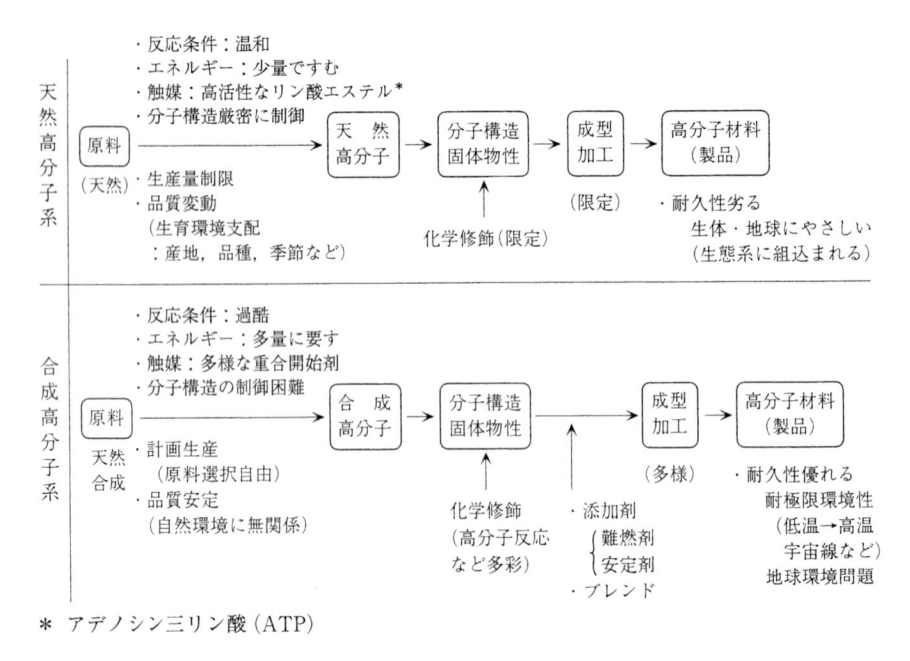

図 3-1 天然高分子と合成高分子の比較

なったのは，1）天然高分子では需要がまかないきれない，2）耐久性に優れるなど天然高分子にない特性を備えている，3）計画的生産が可能であると共に経済的に有利であるなどの理由による．しかし，廃棄されたプラスチックは自然環境下で分解されにくいため環境問題が顕在化している．

2　重合反応機構による分類

低分子化合物のモノマーがたがいに化学結合してポリマー（高分子化合物）を生成する重合反応は，次のように2つに大別できる．

2-1　逐次重合

逐次重合では，モノマー中の官能基がたがいに反応しポリマーを生成するが，両末端に官能基が残る．この逐次重合には次のような反応がある．

1）重縮合
官能基同士が反応し高分子量化する際に，水やアルコールなどの脱離を伴う．

2）重付加
官能基同士が反応する際に原子が移動し，脱離成分を生成せずに高分子量化する．

3）付加縮合
付加反応と縮合反応を繰り返し，高分子量化する．

2-2 連鎖重合

連鎖重合では開始剤から生じた活性種がモノマーに付加することにより反応が開始し，結合を生成すると同時に活性点がモノマーに連鎖的に移動してポリマーを生成する．この連鎖重合には次のような反応がある．

1）付加重合

ビニルやジエン化合物のように付加反応が繰り返され高分子量化する．この付加重合は活性点の種類によって次のように分けられる．

$$\begin{cases} \text{ラジカル重合：活性点がラジカル} \\ \text{イオン重合} \begin{cases} \text{カチオン重合：活性点がカチオン} \\ \text{アニオン重合：活性点がアニオン} \end{cases} \end{cases}$$

2）開環重合

環状のモノマーが開環しながら高分子量化する．この重合もラジカルやイオンの活性点を介して進む．

3）配位重合

金属錯体のような特殊な触媒にモノマーが配位しながら重合が進む．たとえば，チグラー–ナッタ触媒，$MgCl_2$ 担持 Ti 系触媒，メタロセン触媒，ポストメタロセン系触媒（FI 触媒）などがある．

3　逐次重合（stepwise polymerization）

3-1　重縮合（polycondensation）

たがいに反応できる官能基を1つの化合物に2個以上，または2つの化合物にそれぞれ2個以上もつとき，段階的に反応し，低分子化合物を脱離しながらポリマーを生成する反応．

$$n\text{X−A−X} + n\text{H−B−H} \rightleftarrows \text{(A−B)}_n + 2n\text{HX}$$
$$n\text{X−A−H} \rightleftarrows \text{(A)}_n + n\text{HX}$$

3-1-1　ポリアミド（polyamide）：$\begin{bmatrix} -\text{N}-\text{C}- \\ ||| \\ \text{H}\text{O} \end{bmatrix}$

天然ポリアミド：絹フィブロイン，羊毛ケラチン

合成ポリアミド：ナイロン，ノーメックス（nomex）（エンプラ）

ナイロン（nylon）mn

m：ジアミン成分の炭素数，n：二塩基酸成分の炭素数

ナイロン (nylon) *n*

n：異なる官能基をもつモノマーの炭素数

工業化されているナイロン

ナイロン66 ：ヘキサメチレンジアミン ＋ アジピン酸
    $(H_2N(CH_2)_6NH_2)$ $(HOOC(CH_2)_4COOH)$

ナイロン610：ヘキサメチレンジアミン ＋ セバシン酸
    $(H_2N(CH_2)_6NH_2)$ $(HOOC(CH_2)_8COOH)$

ナイロン6 ：ε-カプロラクタムまたは ε-アミノカプロン酸
    $HN-(CH_2)_5CO$ $(H_2N(CH_2)_5COOH)$

ナイロン11 ：アミノウンデカン酸　$(H_2N(CH_2)_{10}COOH)$

ナイロン12 ：アミノドデカン酸　　$(H_2N(CH_2)_{11}COOH)$

ナイロン66の合成反応

$$H_2N\!\!+\!\!CH_2\!\!\frac{}{}_{\!6}\!NH_2 + HOOC\!\!+\!\!CH_2\!\!\frac{}{}_{\!4}\!COOH$$
ヘキサメチレンジアミン　　　アジピン酸

↓

$$\left[\begin{array}{c} ^+H_3N\!\!+\!\!CH_2\!\!\frac{}{}_{\!6}\!NH_3^+ \\ ^-OOC\!\!+\!\!CH_2\!\!\frac{}{}_{\!4}\!COO^- \end{array}\right]_n$$ ナイロン塩

↓ 脱水重縮合〜280℃

$$H\!\!+\!\!HN(CH_2)_6NHCO(CH_2)_4CO\!\!\frac{}{}_{\!n}\!OH + 2nH_2O$$
ポリヘキサメチレンアジパミド（ナイロン66）

mp. = 264 ℃, ρ = 1.148 g/cm³

［注］界面重縮合によるナイロンの生成 (図3-2)

$$n\,H_2N(CH_2)_6NH_2 + n\,ClOC(CH_2)_4COCl$$
$$\longrightarrow +HN(CH_2)_6NHCO(CH_2)_4CO\frac{}{}_{\!n} + 2n\,HCl$$

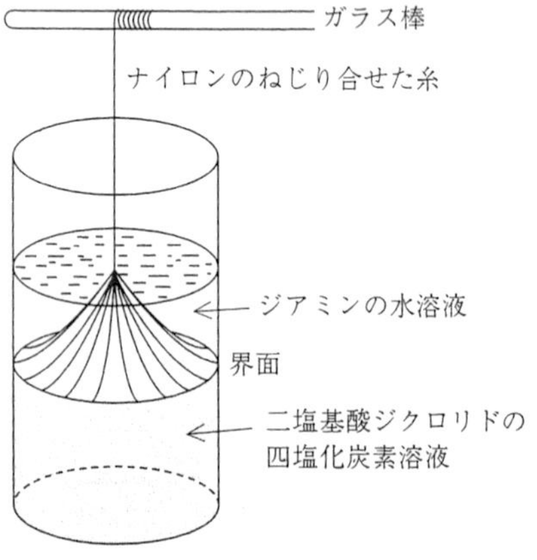

図 3-2　ナイロンの界面重縮合

3-1-2 ポリエステル (polyester)：$\begin{bmatrix} -\text{C}-\text{O}- \\ \text{O} \end{bmatrix}$

1) ポリエチレンテレフタレート (poly (ethylene terephthalate)：PET)

エステル交換法：H₃CO-CO-C₆H₄-CO-OCH₃ + HOCH₂CH₂OH $\xrightarrow[\text{Ca, Mg, Zn などの酢酸塩}]{-\text{CH}_3\text{OH}}$

テレフタル酸ジメチル　エチレングリコール

直接エステル交換法：HOOC-C₆H₄-COOH + HOCH₂CH₂OH $\xrightarrow{-\text{H}_2\text{O}}$

テレフタル酸

$\xrightarrow{190℃, 触媒}$ HOH₂CH₂CO-(CO-C₆H₄-COOCH₂CH₂O)$_m$-H

オリゴマー ($m = 1 \sim 4$)

$\xrightarrow[\text{Pb, Sb, Ge などの酸化物}]{280℃, 減圧}$ HO-(CO-C₆H₄-COOCH₂CH₂O)$_n$-H + HOCH₂CH₂OH

ポリマー ($n = 100 \sim 200$)
mp. = 256℃
ρ = 1.38

2) ポリブチレンテレフタレート (poly (butylene terephthalate)：PBT)

H₃CO-CO-C₆H₄-CO-OCH₃ + HO(CH₂)₄OH $\xrightarrow[-\text{H}_2\text{O}]{-\text{CH}_3\text{OH}}$ HO-(CO-C₆H₄-CO-(CH₂)₄-O)$_n$-H

3) アルキッド樹脂 (alkyd resin) [グリプタル樹脂 (glyptal resin)]

多価アルコール + 多塩基酸 ⟶ ポリエステル

（グリセリン）　　　（フタル酸塩）

HOCH₂CHCH₂OH　　　＋　　　(フタル酸無水物構造、-COOH 2個)
　　　│
　　　OH

↓ $-\text{H}_2\text{O}$

[-OCH₂-CH-CH₂-O-CO-C₆H₄-CO-]$_n$
　　　　│
　　　　OH

　　　　　　　　　　　　　α-OH のみが反応する段階
　　　　　　　　　　　　　鎖状ポリマー（分子量低い）
　　　　　　　　　　　　　（添加物などの混合容易）
　　　　　　　　　　　　　↓
　　　　　　　　　　　　　∴ 塗装に便利

↓ β-OH
　縮合

三次元網目構造, 不融, 不溶ポリマー

4) 不飽和ポリエステル樹脂 (unsaturated polyester resin)

不飽和二塩基酸（無水マレイン酸）＋ エチレングリコール ⟶ ポリエステル

$$\text{無水マレイン酸} + HOCH_2CH_2OH \xrightarrow{-H_2O} -O-CH_2CH_2-O-\overset{O}{\underset{\|}{C}}-CH=CH-\overset{O}{\underset{\|}{C}}-$$

＋ スチレン (H₂C=CH-C₆H₅)

$$-OCH_2CH_2O-\overset{O}{\underset{\|}{C}}-\underset{\underset{C_6H_5}{\overset{|}{CH}}}{\overset{\overset{C_6H_5}{|}}{\underset{|}{CH}}}-\overset{O}{\underset{\|}{C}}-$$

ガラス繊維と組み合わせ ⟶ 強化プラスチック
　　　　　　　　　　　　glass fiber reinforced plastic (GFRP)

3-1-3 シリコーン (silicon)

シロキサン (siloxane) 結合 $-Si-O-Si-$ を骨格とするポリマー（オルガノシロキサンともいう）．

工業的製法

$$\underset{\text{ハロゲン化炭化水素}}{2\,R\cdot X} + \underset{\text{金属ケイ素}}{Si} \xrightarrow{\text{金属触媒(Cu, Ag, Zn)}} \underset{\text{オルガノシロキサン}}{R_2SiX_2}$$

水と容易に反応し，シラノール (silanol) $R_nSi(OH)_{4-n}$ を生成する．次いで脱水・縮合しシリコーンを生成する．

$$R_2SiX_2 + 2H_2O \xrightarrow{-2HX} \underset{\text{シラノール}}{R-\underset{\underset{R}{|}}{\overset{\overset{R}{|}}{Si}}-OH} \xrightarrow{-H_2O} HO-\underset{\underset{R}{|}}{\overset{\overset{R}{|}}{Si}}-O-\underset{\underset{R}{|}}{\overset{\overset{R}{|}}{Si}}-OH$$

$$\xrightarrow{-H_2O} \xrightarrow{-H_2O} \underset{\text{シリコーン}}{HO-\underset{\underset{R}{|}}{\overset{\overset{R}{|}}{Si}}\!-\!\!\left(\!O-\underset{\underset{R}{|}}{\overset{\overset{R}{|}}{Si}}\!\right)_{\!n}\!O-\underset{\underset{R}{|}}{\overset{\overset{R}{|}}{Si}}-OH}$$

シリコーンオイル：主に鎖状ポリマー，側鎖 R は $-CH_3$．

シリコーンゴム：温度による粘度変化小，耐熱性あり．

シリコーンワニス

三官能シラノール：C₆H₅-Si(OH)₃

三次元網目構造の熱硬化性：耐高温，高湿度，電気的性質良好．

3-1-4 耐熱性高分子（エンジニアリングプラスチック）

融点は熱力学的に次式で表される．

$\Delta G = \Delta H - T\Delta S$ （ギブズの自由エネルギー）

$$T_m = \frac{\Delta H}{\Delta S}$$

ただし，T_m は融解温度，ΔH は融解のエンタルピー，ΔS は融解のエントロピーを表す．

1）ポリカーボネート（polycarbonate：PC）：$\begin{bmatrix} -O-\underset{\underset{O}{\|}}{C}-O- \end{bmatrix}$

炭酸ナトリウム（sodium carbonate）Na_2CO_3 の構造式：$\begin{bmatrix} Na-O-\underset{\underset{O}{\|}}{C}-O-Na \end{bmatrix}$

i）ビスフェノールAとホスゲンとの反応（段階反応）

n NaO-⟨C₆H₄⟩-C(CH₃)₂-⟨C₆H₄⟩-ONa + n Cl-CO-Cl ⟶ H-[O-⟨C₆H₄⟩-C(CH₃)₂-⟨C₆H₄⟩-O-CO-]$_n$ + 2NaCl

4,4'-ジヒドロキシジフェニル-2,2'-プロパン（ビスフェノールA）　　ホスゲン　　　　　　　　ポリカーボネート

常温，常圧下，トルエンなどの溶液中操作容易．

広い範囲の分子量（20000〜150000）が得られる．

ⅱ）ビスフェノール A とジフェニルカーボネートとの反応（エステル変換反応）

高温（200～230℃）・減圧（20～30 mmHg）下でのエステル交換反応．
高純度のポリマーが得られる．
高分子量化困難（分子量 = 20000～30000）．

2）芳香族ポリアミド：(polyamide：PA)

界面重合法または低温溶液重合法

1,4-フェニレンジアミン　イソフタル酸ジクロリド　　　　　　　　ケブラー（商品名）　分解温度（T_d）= 500℃
（水相）　　　　　（有機相）

1,3-フェニレンジアミン　イソフタル酸ジクロリド　　　　　　　　ノーメックス（商品名）　分解温度（T_d）= 372℃

［注］芳香族アミン求核性に劣るので高活性の酸クロライドと反応させる．

3）ポリイミド (polyimide：PI)

溶融・固相重合

ピロメリット酸無水物　　　　　　　ビス(4-アミノフェニル)エーテル

カプトン（商品名）　分解温度（T_d）= 560℃

4) ポリエーテルスルフォン (poly(ether sulfone)：PESF)

芳香族求電子置換反応

$$ClSO_2\text{-}C_6H_4\text{-}C_6H_4\text{-}SO_2Cl + C_6H_5\text{-}O\text{-}C_6H_5 \xrightarrow[-HCl]{FeCl_3} +[-SO_2\text{-}C_6H_4\text{-}C_6H_4\text{-}SO_2\text{-}C_6H_4\text{-}O\text{-}C_6H_4-]_n + 2n\,HCl$$

ジフェニルエーテル

5) ポリフェニレンサルファイド (poly(phenylene sulfide)：PPS)

芳香族求核置換反応

$$Cl\text{-}C_6H_4\text{-}Cl + Na_2S \xrightarrow{-NaCl} +[-C_6H_4\text{-}S-]_n + 2n\,NaCl$$

1,4-ジクロロベンゼン　硫化ナトリウム　　　　　　ポリフェニレンサルファイド

3-2 重付加 (polyaddition)

モノマー中の二重結合と活性水素をもつ官能基の間で，水素原子の移動を伴いながら付加反応を繰り返しポリマーを生成する反応．この反応では低分子は脱離しない．

1) ポリウレタン：$\begin{bmatrix} -N-C-O- \\ \ \ \ |\ \ \ \ || \\ \ \ \ H\ \ \ O \end{bmatrix}$

$$nO=C=N-R-N=C=O + n\,HO-R'-OH$$
　　　ジイソシアナート　　　　　　　ジオール

$$\longrightarrow +\begin{pmatrix} C-N-R-N-C-O-R'-O \\ || \ \ | \ \ \ \ \ \ \ \ | \ \ || \\ O \ \ H \ \ \ \ \ H \ \ O \end{pmatrix}_n$$

2) ポリ尿素

$$nO=C=N-R-N=C=O + n\,H_2N-R'-NH_2$$
　　　　　　　　　　　　　　　　　　　　ジアミン

$$\longrightarrow +\begin{pmatrix} C-N-R-N-C-N-R'-N \\ || \ \ | \ \ \ \ \ \ | \ \ || \ \ | \ \ \ \ \ \ \ | \\ O \ \ H \ \ \ \ H \ \ O \ \ H \ \ \ \ H \end{pmatrix}_n$$

ジイソシアナート成分

$$O=C=N(CH_2)_6N=C=O$$

ヘキサメチレンジイソシアナート (HDI)

$$O=C=N-\text{C}_6\text{H}_4-CH_2-\text{C}_6\text{H}_4-N=C=O$$

ジフェニルメタンジイソシアナート (MDI)

2,4 および 2,6-トリレンジイソシアナート (TDI) 混合物

ジオール成分

$$HO(R)_nOH$$

R は

−C−O−C−（ポリエーテル）

−C(=O)−O−C−（ポリエステル）

モノマー中に活性水素のある官能基をもつ分子量約 1000 のオリゴマー．

3-3 付加縮合 (addition condensation)

付加反応と縮合反応を繰り返しながらポリマーを生成する反応．熱硬化性樹脂の生成反応．

3-3-1 フェノール樹脂 (phenol resin)

ノボラック，レゾールはフェノール樹脂の前駆体（初期縮合物）であるオリゴマー．

フェノール (Ph) + ホルムアルデヒド (F)

F/Ph = 0.8〜1.0 酸性触媒 → ノボラック（分子量 < 1000）

F/Ph = 1.0〜2.5 塩基性触媒 → レゾール（$n = 1〜3$, $n = 0〜3$）

ノボラック (novolak)

ホルムアルデヒド/フェノール比率：F/Ph = 0.8 ～ 1.0

酸性触媒

分子量 = 約 700 ～ 1000

松脂状の脆い固体，成型用

レゾール (resol)

F/Ph = 1.0 ～ 2.5

塩基性触媒

分子量 = 約 200 ～ 300

粘性の液状物，塗料，接着用

フェノール樹脂は，一般にオリゴマーと他の添加物（フィラー，紙，木など）と共に加熱・圧縮して成型し，三次元構造の不融不溶の成型物にする．

3-3-2 尿素樹脂 (urea resin)

$$H_2N-C-NH_2 + HCHO \longrightarrow H_2N-C-N-CH_2OH$$
$$\underset{尿素}{\overset{\parallel}{O}} \quad \underset{ホルムアルデヒド}{} \quad \overset{\parallel}{O} \overset{|}{H}$$

$$\longrightarrow H_2N-\underset{\overset{\parallel}{O}}{C}-\underset{\overset{|}{H}}{N}-CH_2-\underset{\overset{|}{H}}{N}-\underset{\overset{\parallel}{O}}{C}-NH_2 \longrightarrow \ >N-\underset{\overset{\parallel}{O}}{C}-\underset{\overset{|}{CH_2}}{N}-CH_2-\underset{\overset{|}{H}}{N}-\underset{\overset{\parallel}{O}}{C}-N<$$

3-3-3 メラミン樹脂 (melamine resin)

（メラミン + HCHO → メラミン樹脂の反応式）

3-4 逐次重合の特徴

逐次重合ではモノマーの官能基同士が反応して高分子量化するのに対して，後述の連鎖重合（4節）ではモノマーが活性点に連鎖的に付加し高分子量化するため，両者では重合の様子が著しく異なる．

3-4-1 反応度と分子量

逐次重合では，すべての分子間で反応が可能で，反応初期でモノマーが消失し，

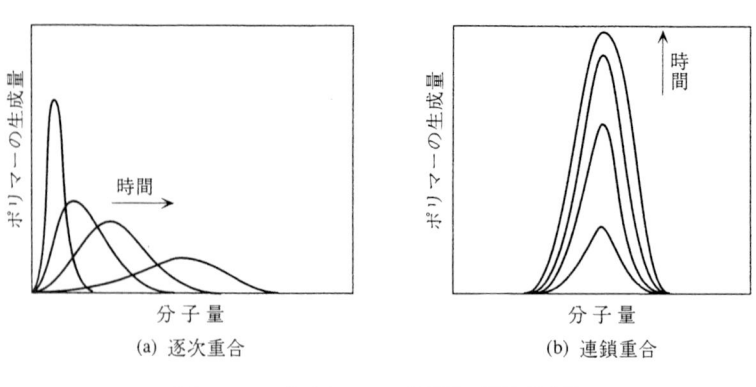

図 3-3 生成ポリマーの分子量の経時変化[15]

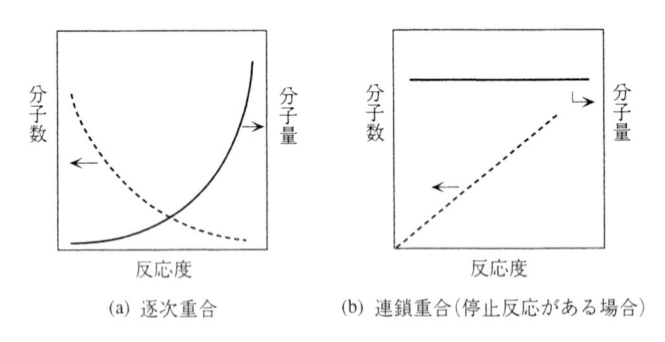

(a) 逐次重合
(b) 連鎖重合

図 3-4 生成ポリマーの分子数および分子量と反応度との関係[15]

(a) 逐次重合
(b) 連鎖重合（停止反応がある場合）

分子量は徐々に増大するが分子数は急激に減少する．一方，連鎖重合では，活性点をもつ成長鎖のみにモノマーが連鎖的に付加するため，モノマーは徐々に減少し，反応の初期に高分子量のポリマーを生成し，ポリマーの収率は反応時間と共に増加するが分子量はほとんど変わらない．

このような重合系の特徴を図 3-3，図 3-4 に示す．

3-4-2 反応度と数平均重合度

縮合反応により官能基が減少する割合を反応度 P (extent of reaction, $1 > P > 0$) といい，反応前の分子数を N_0，反応後の分子数を N とすると，P は次式で表される．

$$P = \frac{N_0 - N}{N_0}$$

表 3-1 反応度と数平均重合度の関係

反応度 P	0	0.5	0.8	0.9	0.95	0.99	0.999
数平均重合度 $\bar{P}_n$	1	2	5	10	20	100	1000

また，数平均重合度 $\bar{P}_n$ は反応前の分子数を反応後の分子数で割った値 N_0/N であるから，次式のようになる．

$$\bar{P}_n = \frac{1}{1-P}$$

反応度と数平均重合度の関係を示すと表 3-1 のようになる．

このように重縮合反応では官能基が 99 % 反応しても重合度は 100 にすぎず，99.9 % 反応してようやく 1000 になる．

また，重縮合反応は可逆反応であるため，生成ポリマーの分子量を高めるには，副生成物（水など）を除き平衡をずらす必要がある．

3-4-3 官能基の等量性と数平均重合度

重縮合は官能基同士の反応により重合が進むため，官能基 A, B を正確に等モル用いないと高分子量のポリマーは得られない．いま，官能基 A, B をもつ二官能性モノマーの重合系で，B が過剰に存在すると反応が進むにつれて両末端が官能基 B のポリマー（B～B）が多く生成し，やがて重合は停止してしまう．このように官能基が等量でないときの数平均重合度について考えてみよう．

重合に用いるモノマーの官能基数を N_A, N_B とし，その比を $r = N_A/N_B$ とすると，反応前のモノマーの分子数は次のようになる．

$$\frac{N_A + N_B}{2} = \frac{N_A(1 + 1/r)}{2}$$

反応度 P のとき，官能基 A, B はそれぞれ $N_A P$ だけ反応している．それゆえ，未反応の官能基数は次のようになる．

$$N_A(1-P) + (N_B - N_A P) = N_A \left[2(1-P) + \frac{1-r}{r} \right]$$

そのときに生成したポリマーの数平均重合度は次式のようになる．ただし，生成ポリマーの分子数は未反応官能基の半分とする．

(a) 計算値　　　　　　　　(b) 実測値（ナイロン66）

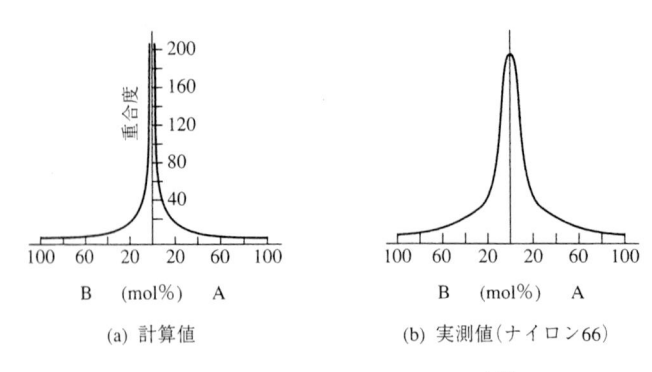

図 3-5　モノマー成分比と重合度分布[15]

$$\bar{P}_n = \frac{(N_A + N_B)/2}{N_A(1-P) + (N_B - N_A)/2}$$
$$= \frac{N_A(1 + 1/r)/2}{N_A[2(1-P) + (1-r)/r]/2}$$
$$= \frac{1 + r}{2r(1-P) + (1-r)}$$

反応完結時 ($P = 1$) の $\bar{P}_n$ は次式のようになる．

$$\bar{P}_n = \frac{1 + r}{1 - r}$$

たとえば，Bが5モル％過剰のときには，反応が100％進んだとしても，$\bar{P}_n$ は41以上になることはない．モノマーのどちらかの1成分が過剰にあるときの重合度の計算値と実測値を図 3-5 に示す．

3-4-4　官能性度とゲル化

モノマー中の官能基の数を官能性度（degree of functionality）という．官能基を2個以上もつモノマーの反応が進むとやがて重合度は無限大になり，溶媒に不溶のゲル状のポリマーが生成し，さらに反応が進むと加熱しても軟化しなくなる．

官能基 A，B をもつモノマーの官能基の数を，それぞれ m，n とすると，官能性度は次式で表される．

$$f = \frac{2mn}{m + n}$$

ただし，

m：官能基 A をもつモノマーの官能基数

n：官能基 B をもつモノマーの官能基数

もし，$m = 2$，$n = 2$ なら $f = 2$ となる．また，$f > 2$ の場合，たとえば，$m = $

2. $n = 3$ のときは $f = 2.4$ となり,反応が進むとゲル化する.

いま,反応前のモノマーの総数 N_0,その官能性度 f,反応前の官能基の総数 fN_0,反応が進んだ時点の分子数 N,消失した官能基の数 $2(N_0 - N)$ とすると,この時点の反応度は次のようになる.

$$P = \frac{2(N_0 - N)}{fN_0}$$
$$= \frac{2}{f} - \frac{2N}{fN_0}$$
$$= \frac{2}{f} - \frac{2}{f\bar{P}_n} \quad (\because \frac{N_0}{N} = \bar{P}_n)$$
$$= \frac{2}{f}\left(1 - \frac{1}{\bar{P}_n}\right)$$

反応が進み $\bar{P}_n = \infty$ になると $1/\bar{P}_n$ 項は無視できるので,それゆえ,官能基の m-n 組み合わせ 2-2,2-3,3-3 の官能基反応においてはゲル化時の反応度は次のようになる.

$$P = \frac{2}{2} = 1 \qquad \therefore \quad 100\ \%\ 反応$$

$$P = \frac{2}{2.4} = 0.833 \qquad \therefore \quad 88.3\ \%\ 反応$$

$$P = \frac{2}{3} = 0.667 \qquad \therefore \quad 66.7\ \%\ 反応$$

4 連鎖重合 (chain polymerization)

4-1 付加重合 (addition polymerization)

二重結合をもつモノマーが,ラジカルやイオンのような活性点を介してポリマーを生成する反応を付加重合という.

4-1-1 ラジカル重合 (radical polymerization)

$$CH_2=CHX \xrightarrow{R\cdot} R-CH_2-\underset{X}{\overset{H}{C}}\cdot \xrightarrow{n\,CH_2=CHX} R\text{-}(CH_2-\underset{X}{\overset{H}{C}})_n\text{-}CH_2-\underset{X}{\overset{H}{C}}\cdot$$

↓ 停止
安定なポリマー

表 3-2 代表的なビニル化合物 $CH_2=C_nH$
                                    $\quad\quad\quad\quad\quad\quad\quad |$
                                    $\quad\quad\quad\quad\quad\quad\quad X$

モノマー	X
エチレン	$-H$
スチレン	―⟨benzene⟩
塩化ビニル	$-Cl$
酢酸ビニル	$-OCOCH_3$
アクリル酸	$-COOH$
アクリル酸メチル	$-COOCH_3$
メタクリル酸	$-C_n(CH_3)COOH$
メタクリル酸メチル	$-C_n(CH_3)COOCH_3$

1) 代表的なモノマー

代表的なビニル化合物を**表 3-2**に表す.

2) 代表的な開始剤

アゾ化合物

アゾビスイソブチロニトリル (azobisisobutyronitrile : AIBN)

$$CH_3-\underset{CN}{\underset{|}{C}}(CH_3)-N=N-\underset{CN}{\underset{|}{C}}(CH_3)-CH_3 \xrightarrow[T_d = 60°C]{熱, 光} 2\, H_3C-\underset{CN}{\underset{|}{C}}(CH_3)\cdot + N_2$$

過酸化物

過酸化ベンゾイル (benzoyl peroxide : BPO)

$$Ph-\underset{O}{\underset{\|}{C}}-O-O-\underset{O}{\underset{\|}{C}}-Ph \xrightarrow{T_d = 60℃} 2\, Ph-\underset{O}{\underset{\|}{C}}-O\cdot \longrightarrow 2\, Ph\cdot + 2\,CO_2$$

過酸化水素 (hydrogen peroxide)

$$HO-OH \longrightarrow 2\,HO\cdot$$

過硫酸カリウム (potassium persulphate : KPS)

$$K_2S_2O_8 \longrightarrow S_2O_8^{2-} + 2\,K^+$$

$${}^*S_2O_8^{2-} \longrightarrow 2\,SO_4^{2-}$$

レドックス系

$$H-O-O-H + Fe^{2+} \longrightarrow Fe^{3+} + OH^- + \cdot OH$$

---

* $\underset{O}{\underset{\|}{{}^{\ominus}O-{}^{\oplus}S}}-O-O-\underset{O}{\underset{\|}{{}^{\oplus}S-O^{\ominus}}}$ (with ${}^{\ominus}O$ groups)

光増感剤

ベンゾフェノン

ベンゾインメチルエーテル

テトラエチルチウラムジスルフィド

3）ラジカルの特徴

ラジカルは不対電子をもつ化学種であり，遊離基ともいう．常磁性で反応性が著しく高く，それ自体でも容易に反応する．ラジカルの発見は，1900年，ゴンベルク(Gomberg)が，無色のヘキサフェニルエタンのベンゼン溶液から黄色のトリフェニルラジカルが生成することを認めたことに始まる．

無色，mp. = 147℃　　　　トリフェニルメチルラジカル
　　　　　　　　　　　　　黄色，安定なラジカル

＊[参考]
　酸素分子；$\cdot\ddot{O}-\ddot{O}\cdot$　三重項基底状態
　　　　　　多重度 $= (2S+1)$　（S：スピン $(1/2)$）
　結合エネルギー
　　　　　$(\phi)_3-C-C-(\phi)_3$　9.9 kcal/mol
　　　　　$H_3-C-C-H_3$　　　88 kcal/mol
　反応性
　　　　　$\cdot CH_3 \gg (\phi)_3C\cdot$

ⅰ）ラジカルの一般的反応

再結合
$$H_3C\cdot + \cdot CH_3 \longrightarrow CH_3-CH_3 \qquad (\text{i})$$

不均斉化
$$CH_3CH_2\cdot + \cdot CH_3CH_2 \longrightarrow CH_2=CH_2 + CH_3CH_3 \qquad (\text{ii})$$

ラジカル移動
  水素引抜反応
$$RCH_2OH + A\cdot \longrightarrow R\dot{C}HOH + AH \qquad (\text{iii})$$

  ラジカル置換反応
$$C_6H_5\cdot + C_6H_6 \longrightarrow C_6H_5-C_6H_5 + H\cdot \qquad (\text{iv})$$

  二重結合への付加反応
$$R\cdot + \;>\!\!C\!=\!C\!\!<\; \longrightarrow R-\overset{|}{\underset{|}{C}}-\overset{|}{\underset{|}{C}}\cdot \qquad (\text{v})$$

ⅱ）ラジカル重合との関連

  開始反応：（ⅴ）
  成長反応：（ⅴ）
  停止反応：（ⅰ），（ⅱ），（ⅲ），（ⅳ）

なお，一般にラジカルの反応性はその共鳴安定性に関係し，共鳴安定化の程度が大きいものほど反応しにくい．

4）ラジカル重合機構と動力学式

活性種の $2p_z$ 軌道とモノマーの二重結合の π 電子軌道の間で反応し，σ 結合を生成する．活性点は反応したモノマーに移り，連鎖的に反応が進み高分子量化する

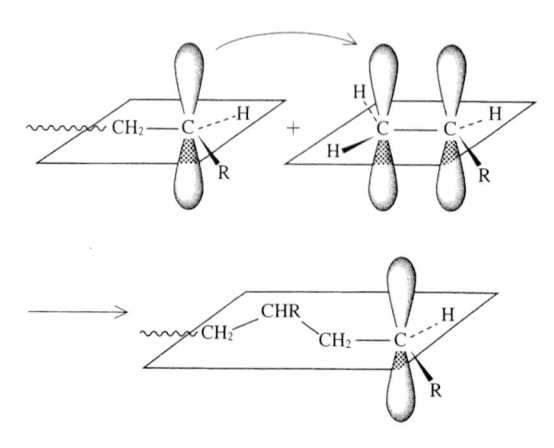

図 3-6 付加重合における π 電子系の模式図[15]

(図 3-6).

ⅰ) 重合機構

ラジカル重合の素反応には**開始剤の分解**,**開始反応**,**成長反応**および**停止反応**がある.代表例としてスチレンの過酸化ベンゾイルによる重合反応を次に示す.

開始剤の分解 (decomposition of initiator)

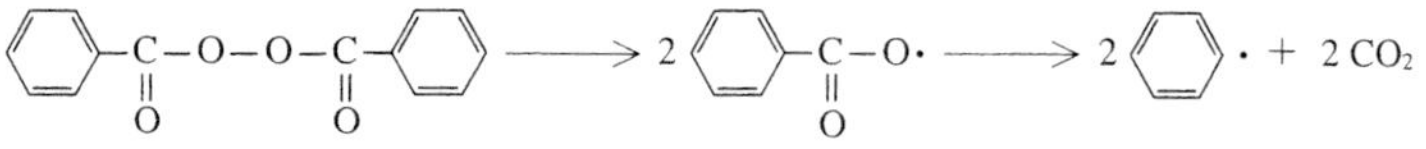

$$\text{Ph-C(=O)-O-O-C(=O)-Ph} \longrightarrow 2\,\text{Ph-C(=O)-O}\cdot \longrightarrow 2\,\text{Ph}\cdot + 2\,CO_2$$

開始反応 (initiation)

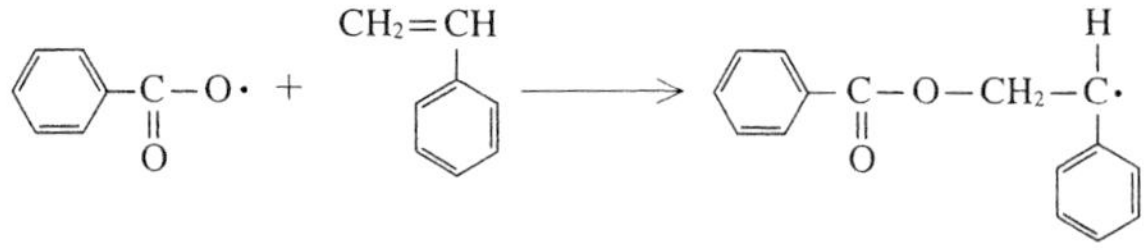

$$\text{Ph-C(=O)-O}\cdot + CH_2=CH(\text{Ph}) \longrightarrow \text{Ph-C(=O)-O-}CH_2\text{-CH(Ph)}\cdot$$

成長反応 (propagation)

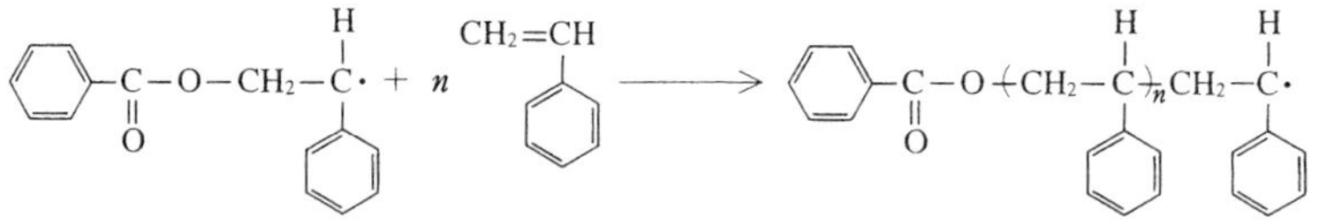

$$\text{Ph-C(=O)-O-}CH_2\text{-CH(Ph)}\cdot + n\,CH_2=CH(\text{Ph}) \longrightarrow \text{Ph-C(=O)-O-[}CH_2\text{-CH(Ph)]}_n\text{-}CH_2\text{-CH(Ph)}\cdot$$

停止反応 (termination)

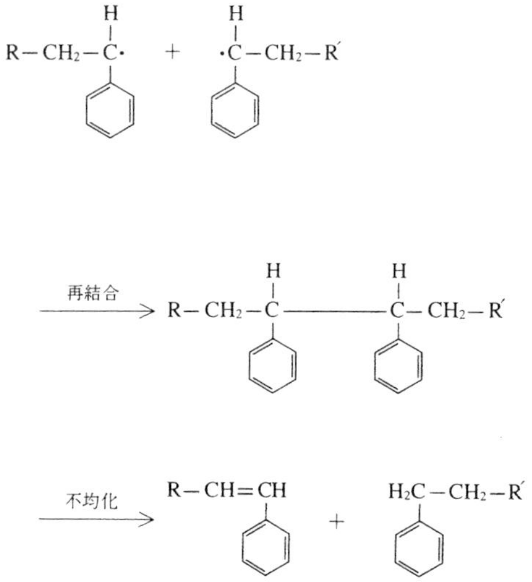

$$R\text{-}CH_2\text{-CH(Ph)}\cdot \;+\; \cdot\text{CH(Ph)-}CH_2\text{-}R'$$

$$\xrightarrow{再結合} R\text{-}CH_2\text{-CH(Ph)-CH(Ph)-}CH_2\text{-}R'$$

$$\xrightarrow{不均化} R\text{-}CH=CH(\text{Ph}) \;+\; H_2C(\text{Ph})\text{-}CH_2\text{-}R'$$

ⅱ) 重合の動力学式

開始剤の分解速度を V_d,開始反応速度を V_i,成長反応速度を V_p,停止反応速度を V_t とすると,

開始剤の分解

$$\text{I} \xrightarrow{k_\text{d}} 2\text{R}\cdot \quad (k_\text{d} \text{は開始剤分解速度定数})$$

よって，

$$V_\text{d} = 2k_\text{d}[\text{I}] \tag{1}$$

開始反応

$$\text{R}\cdot + \text{M} \xrightarrow{k_\text{i}} \text{RM}\cdot\ (\equiv \text{M}\cdot) \quad (k_\text{i} \text{は開始速度定数})$$

よって，

$$V_\text{i} = \frac{d[\text{M}\cdot]}{dt} = 2fk_\text{d}[\text{I}] \tag{2}$$

$$(\because\ V_\text{i} = V_\text{d})$$

ここで，

$$f: \text{開始剤効率}\ (0 < f < 1)$$

成長反応

$$\text{M}\cdot + \text{M} \xrightarrow{k_\text{p}} \text{MM}\cdot\ (\equiv \text{M}\cdot) \quad (k_\text{p} \text{は成長速度定数})$$

よって，

$$V_\text{p} = k_\text{p}[\text{M}\cdot][\text{M}] \tag{3}$$

停止反応

$$\text{M}\cdot + \text{M}\cdot \xrightarrow{k_\text{t}} \text{M}-\text{M} \quad (k_\text{t} \text{は停止速度定数})$$

よって，

$$V_\text{t} = k_\text{t}[\text{M}\cdot][\text{M}\cdot] = k_\text{t}[\text{M}\cdot]^2 \tag{4}$$

いま定常状態を仮定すると

$$V_\text{i} = V_\text{t}$$

したがって式 (2)，(4) より

$$2fk_\text{d}[\text{I}] = k_\text{t}[\text{M}\cdot]^2$$

$$\therefore\ [\text{M}\cdot] = \left(\frac{2fk_\text{d}[\text{I}]}{k_\text{t}}\right)^{1/2} \tag{5}$$

ここで成長反応の速度 V_p を R_p とおきなおす．すなわち

$$V_\text{p} = R_\text{p}$$

ゆえに式 (3)，(5) より

$$R_\text{p} = k_\text{p}\left(\frac{2fk_\text{d}}{k_\text{t}}\right)^{1/2}[\text{I}]^{1/2}[\text{M}] \tag{6}$$

5）ラジカル重合における特徴と特異反応

ⅰ）連鎖移動（chain transfer）

重合過程で活性なラジカルは反応系中の試剤（開始剤，モノマー，溶媒など）へ連鎖移動を起こし，成長反応が停止することがある．このような連鎖移動反応が起こると分子量は大きくならない．

開始剤への連鎖移動

$$\mathrm{M \cdot + I} \xrightarrow{k_{\mathrm{tr.I}}} \mathrm{Polymer\ (Dead) + I \cdot} \quad (k_{\mathrm{tr.I}}\text{ は開始剤への連鎖移動速度定数})$$

このとき，$V_{\mathrm{tr.I}}$ を連鎖移動速度とすると

$$V_{\mathrm{tr.I}} = k_{\mathrm{tr.I}}[\mathrm{M \cdot}][\mathrm{I}]$$

モノマーへの連鎖移動

$$\mathrm{M \cdot + M'} \xrightarrow{k_{\mathrm{tr.M}}} \mathrm{Polymer\ (Dead) + M' \cdot}$$

このとき，（$\mathrm{M' \equiv M}$ として）

$$V_{\mathrm{tr.M}} = k_{\mathrm{tr.M}}[\mathrm{M \cdot}][\mathrm{M}]$$

溶媒への連鎖移動

$$\mathrm{M \cdot + SH} \xrightarrow{k_{\mathrm{tr.S}}} \mathrm{Polymer\ (Dead) + S \cdot}$$

このとき，（$\mathrm{SH \equiv S}$ として）

$$V_{\mathrm{tr.S}} = k_{\mathrm{tr.S}}[\mathrm{M \cdot}][\mathrm{S}]$$

これらの連鎖移動を考慮するとポリマーの重合度 $\overline{DP}$ は次式のようになる．

$$\overline{DP} = \frac{k_{\mathrm{p}}[\mathrm{M \cdot}][\mathrm{M}]}{k_{\mathrm{t}}[\mathrm{M \cdot}]^2 + k_{\mathrm{tr.I}}[\mathrm{M \cdot}][\mathrm{I}] + k_{\mathrm{tr.M}}[\mathrm{M \cdot}][\mathrm{M}] + k_{\mathrm{tr.S}}[\mathrm{M \cdot}][\mathrm{S}]}$$

$$\frac{1}{\overline{DP}} = \frac{k_{\mathrm{t}}}{k_{\mathrm{p}}^2[\mathrm{M}]^2}R_{\mathrm{p}} + \frac{k_{\mathrm{tr.I}}}{k_{\mathrm{p}}}\frac{[\mathrm{I}]}{[\mathrm{M}]} + \frac{k_{\mathrm{tr.M}}}{k_{\mathrm{p}}} + \frac{k_{\mathrm{tr.S}}}{k_{\mathrm{p}}}\frac{[\mathrm{S}]}{[\mathrm{M}]}$$

$$= \frac{k_{\mathrm{t}}}{k_{\mathrm{p}}^2[\mathrm{M}]^2}R_{\mathrm{p}} + C_{\mathrm{I}}\frac{[\mathrm{I}]}{[\mathrm{M}]} + C_{\mathrm{M}} + C_{\mathrm{S}}\frac{[\mathrm{S}]}{[\mathrm{M}]}$$

ここで，

C_{I}：開始剤への連鎖移動定数

C_{M}：モノマーへの連鎖移動定数

C_{S}：溶媒への連鎖移動定数

溶媒への連鎖移動定数の一例を**表 3-3** に示す．

ⅱ）動力学的連鎖長（kinetic chain length）

開始反応で生成したあるラジカルが反応停止までに消費したモノマー数をいい，次式で表される．

表 3-3 代表的なモノマーの重合における溶媒への連鎖移動定数

溶 媒	C_s スチレン	C_s メタクリル酸メチル	C_s 酢酸ビニル
ベンゼン	0.18×10^{-5}	0.4×10^{-5}	3.0×10^{-4}
トルエン	1.25×10^{-5}	1.7×10^{-5}	20.9×10^{-4}
クロロホルム	5.0×10^{-5}	4.54×10^{-5}	125.0×10^{-4}
四塩化炭素	9.20×10^{-3}	9.25×10^{-5}	1.1
四臭化炭素	2.2	0.27	39
ブチルメルカプタム	21	0.45	48

$$\nu = \frac{R_p}{R_t} = \frac{R_p}{R_i}$$

ただし，

　　R_p：全重合反応速度

　　R_t：停止反応速度

　　R_i：開始反応速度

停止が再結合のみで起こると，数平均重合度は，$\bar{P}_n = 2\nu$，不均化のみの場合は，$\bar{P}_n = \nu$ となる．

iii) 自己促進効果 (autoacceleration effect)

重合の進行に伴い反応系の粘度が増し，停止反応が起こりにくくなる (k_t が低下する) ことによって重合速度が急激に増大することを自己促進効果という．これは**ゲル効果**，または**トロムスドルフ (Trommsdorff) 効果**ともいわれている．

iv) その他

ラジカル重合は添加剤の影響を著しく受け，重合が阻害される場合があり，その程度によって添加剤は禁止剤 (inhibitor)，抑制剤 (retarder) と呼ばれる．そして

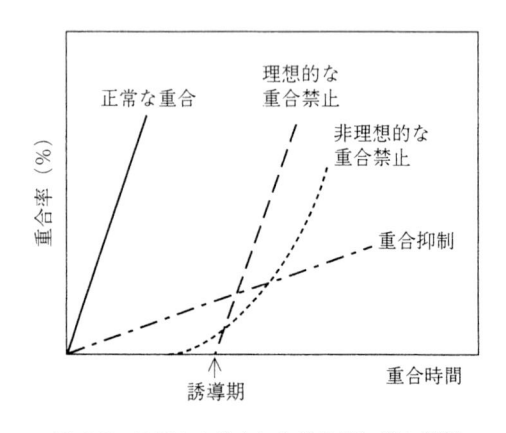

図 3-7 ラジカル重合における添加剤の影響

重合が起こらない時間を誘導期 (induction period) という (**図 3-7**).

4-1-2 ラジカル共重合 (radical copolymerization)

1) 共重合の目的
ポリマーは組成面からみると次のように分けられる.

 ホモポリマー：単一モノマーの重合体

 コポリマー：二種類以上のモノマーの共重合体

 ポリマーブレンド：ホモポリマーやコポリマーの混合物

共重合やブレンドは，ホモポリマーでは得られない性質をもったポリマーを創製する目的で行われる．たとえば，実用的に重要な加工性，染色性，諸物性（耐摩耗性，延伸性，柔軟性，耐衝撃性，透明性，吸湿性，溶解性）などの改善を目的とする．

具体的な例

 合成ゴム（加硫不要のゴム製品の創製）：スチレン-ブタジエンゴム (SBR)，スチレン/ブタジエンの共重合体

 耐衝撃性プラスチック：塩化ビニル/酢酸ビニルの共重合体

 コンタクトレンズ（透明で親水性のプラスチック製品）：メチルメタクリレート/ヒドロキシエチルメタクリレート/ビニルピロリドンの共重合体（第 5 章 4 節参照）

 光崩壊性高分子：エチレン・一酸化炭素共重合体 (ECO)

$$\left[(CH_2-CH_2)_i \begin{array}{c} C \\ \| \\ O \end{array} \right]_n$$

2) 共重合体の種類
共重合体はモノマーの配列の仕方によって次のように分けられる.

 規則的コポリマー (regular copolymer) または交互コポリマー (alternating copolymer)：$-M_1-M_2-M_1-M_2-M_1-M_2-M_1-$

 不規則的コポリマー (random copolymer)：

$$-M_1-M_1-M_2-M_1-M_1-M_1-M_2-$$

 ブロックコポリマー (block copolymer)：$+M_1\sim\sim M_1+M_2\sim\sim M_2+$

 グラフトコポリマー (graft copolymer)：

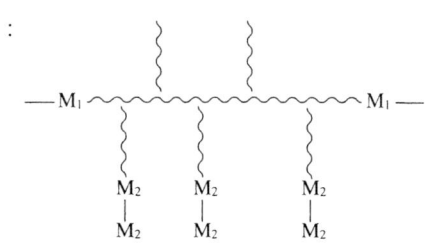

$$\begin{array}{c} \quad\quad\wr\quad\wr\quad\wr \\ -M_1\sim\sim\sim\sim\sim\sim\sim\sim M_1- \\ \wr\quad\wr\quad\wr \\ M_2\ M_2\ M_2 \\ |\quad |\quad | \\ M_2\ M_2\ M_2 \end{array}$$

3）共重合組成の理論的扱い

モノマーを M_1, M_2, 成長ポリマーラジカルを $M_1\cdot$, $M_2\cdot$ とし，次のような仮定が成り立つとするとする．

① ラジカルの反応性は全鎖長に無関係である．
② 反応性は末端モノマー単位で規定される．

成長反応として式 (7) 〜 (10) が考えられる．

$$\sim\!\sim\!\sim M_1\cdot + M_1 \xrightarrow{k_{11}} \sim\!\sim\!\sim M_1M_1\cdot$$

$$V_{11} = k_{11}[M_1\cdot][M_1] \tag{7}$$

$$\sim\!\sim\!\sim M_1\cdot + M_2 \xrightarrow{k_{12}} \sim\!\sim\!\sim M_1M_2\cdot$$

$$V_{12} = k_{12}[M_1\cdot][M_2] \tag{8}$$

$$\sim\!\sim\!\sim M_2\cdot + M_1 \xrightarrow{k_{21}} \sim\!\sim\!\sim M_2M_1\cdot$$

$$V_{21} = k_{21}[M_2\cdot][M_1] \tag{9}$$

$$\sim\!\sim\!\sim M_2\cdot + M_2 \xrightarrow{k_{22}} \sim\!\sim\!\sim M_2M_2\cdot$$

$$V_{22} = k_{22}[M_2\cdot][M_2] \tag{10}$$

連鎖長が大きい場合は，モノマーは成長反応のみにより消失すると考えてよいので，M_1 と M_2 の消費速度は式 (11), (12) でそれぞれ表される．

$$-\frac{d[M_1]}{dt} = k_{11}[M_1\cdot][M_1] + k_{21}[M_2\cdot][M_1] \tag{11}$$

$$-\frac{d[M_2]}{dt} = k_{12}[M_1\cdot][M_2] + k_{22}[M_2\cdot][M_2] \tag{12}$$

それゆえ，共重合体中のモノマー M_1, M_2 の組成比は式 (13) で表される．

$$\begin{aligned}\frac{d[M_1]}{d[M_2]} &= \frac{-d[M_1]/dt}{-d[M_2]/dt} \\ &= \frac{k_{11}[M_1\cdot][M_1] + k_{21}[M_2\cdot][M_1]}{k_{12}[M_1\cdot][M_2] + k_{22}[M_2\cdot][M_2]}\end{aligned} \tag{13}$$

式 (13) は $[M_1\cdot][M_2\cdot]$ が分からないと解けない．そこで定常状態（ラジカルの生成と消費速度が等しい）を仮定する．

$$k_{21}[M_2\cdot][M_1] = k_{12}[M_1\cdot][M_2] \tag{14}$$

$$[M_1\cdot] = \frac{k_{21}}{k_{12}}\frac{[M_2\cdot][M_1]}{[M_2]} \tag{14}'$$

$$\therefore \frac{d[M_1]}{d[M_2]} = \frac{k_{11}[M_1]\frac{k_{21}}{k_{12}}\frac{[M_2\cdot][M_1]}{[M_2]} + k_{21}[M_2\cdot][M_1]}{k_{12}[M_2]\frac{k_{21}}{k_{12}}\frac{[M_2\cdot][M_1]}{[M_2]} + k_{22}[M_2\cdot][M_2]} \tag{15}$$

$$= \frac{[M_1]}{[M_2]}\left(\frac{\frac{k_{11}}{k_{12}}k_{21}\frac{[M_1]}{[M_2]} + k_{21}}{k_{21}\frac{[M_1]}{[M_2]} + k_{22}}\right)$$

ここで,

$$\times [M_2]/[M_2]$$

$$= \frac{[M_1]}{[M_2]}\left(\frac{\frac{k_{11}}{k_{12}}k_{21}[M_1] + k_{21}[M_2]}{k_{21}[M_1] + k_{22}[M_2]}\right)$$

$$\times (1/k_{21})/(1/k_{21})$$

$$= \frac{[M_1]}{[M_2]}\left(\frac{\frac{k_{11}}{k_{12}}[M_1] + [M_2]}{\frac{k_{22}}{k_{21}}[M_2] + [M_1]}\right) \tag{15}'$$

モノマー反応性比 (monomer reactivity ratio)

$$\frac{k_{11}}{k_{12}} = r_1, \qquad \frac{k_{22}}{k_{21}} = r_2$$

を用いると,共重合体中のモノマー M_1, M_2 の組成比は式 (16) で表される.

$$\frac{d[M_1]}{d[M_2]} = \frac{[M_1]}{[M_2]}\left(\frac{r_1[M_1] + [M_2]}{r_2[M_2] + [M_1]}\right) \tag{16}$$

共重合中の M_1 モノマーのモル分率 (F_1) は式 (17) で表される.

$$F_1 = \frac{d[M_1]}{d([M_1] + [M_2])}$$
$$= 1 - F_2$$

あるいは,

$$F_1 = \frac{d[M_1]}{d[M_1] + d[M_2]}$$
$$= \frac{r_1[M_1]^2 + [M_1][M_2]}{r_1[M_1]^2 + 2[M_1][M_2] + r_2[M_2]^2} \tag{17}$$

それゆえ, r_1, r_2 が既知ならば,モノマー濃度 $[M_1]$, $[M_2]$ から共重合体中の $[M_1]$, $[M_2]$ の計算が可能である.また,逆に共重合体中の $[M_1]$, $[M_2]$ の組成分析から, r_1, r_2 を計算することも可能である.

4）モノマー反応性比と共重合組成曲線

モノマー反応性比 r_1, r_2 は，共重合におけるモノマーの反応のしやすさを表しているため，共重合体中の M_1, M_2 組成は r_1, r_2 の値によってきまる．逆に r_1 と r_2 の値が分かると，式 (17) を用いてモノマー組成から共重合体の組成を計算することができる．

いくつかの r_1, r_2 の組み合わせについて，モノマー中の M_1 のモル分率と共重合体中の M_1 のモル分率の関係を示すと図 3-8 のようになる．これは共重合組成曲線といわれ，各曲線は次のような意味をもっている．

曲線 a：$r_1 < 1$，$r_2 < 1$（図では $r_1 = 0.2$，$r_2 = 0.2$）

　同種モノマーより異種モノマー間の重合が優先する．r_1，r_2 の積は交互重合性の目安として用いられ，その値がゼロに近いとき，交互性が大きくなる．

曲線 b：$r_1 > 1$，$r_2 > 1$（図では $r_1 = 10.0$，$r_2 = 10.0$）

　両モノマーとも同種モノマー同士の重合が優先的に起こり，ブロックタイプの共重合体を生成する．ラジカル共重合ではこのような例はない．

曲線 c：$r_1 > 1$，$r_2 < 1$（図では $r_1 = 10.0$，$r_2 = 0.1$）

曲線 d：$r_1 < 1$，$r_2 > 1$（図では $r_1 = 0.1$，$r_2 = 10.0$）

　どちらか一方の同種モノマー同士の重合が異種モノマー間の重合より優先する．

曲線 e：$r_1 = r_2 = 1$

　同種モノマー同士および異種モノマー間の重合が全く等しく起こる．

ラジカル共重合における代表例を表 3-4 に示す．

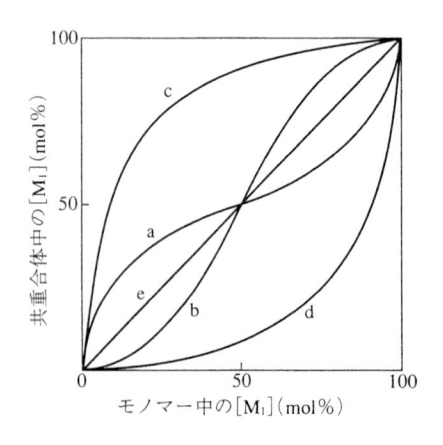

図 3-8　共重合組成曲線[17]

表 3-4 ラジカル共重合における r_1 および r_2 値

タイプ	M_1	M_2	r_1	r_2
A：$r_1 \simeq r_2 \simeq 1$	イソプレン	ブタジエン	1.1	0.94
	スチレン	p-メトキシスチレン	1.1	0.93
B：$r_1 > 1,\ r_2 < 1$	ブタジエン	スチレン	1.4	0.40
	スチレン	酢酸ビニル	55	0.01
C：$r_1 < 1,\ r_2 < 1$	スチレン	メタクリル酸メチル	0.50	0.50
	ブタジエン	アクリロニトリル	0.35	0.05
D：$r_1 \simeq r_2 \simeq 0$	無水マレイン酸	スチレン	~ 0	0.01
	フマル酸ジエチル	イソブテン	~ 0	~ 0

4-1-3　イオン重合（ionic polymerization）

活性種の $2p_z$ 軌道に 2 個の電子が入っているカルボアニオン（carbanion C^-；炭素陰イオン）と電子が入っていないカルボカチオン（carbonium ion C^+；炭素陽イオン）を連鎖担体とする重合を，それぞれ**アニオン重合**（anionic polymerization），**カチオン重合**（cationic polymerization）という．

1）イオン重合様式とモノマー

アニオン重合

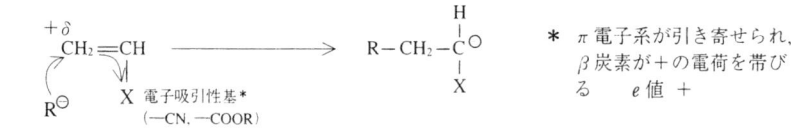

$$\underset{R^\ominus}{\overset{+\delta}{CH_2}=CH} \xrightarrow{} R-CH_2-\underset{X}{\overset{H}{\underset{|}{C}}}{}^\ominus \qquad * \pi 電子系が引き寄せられ，\beta 炭素が+の電荷を帯びる \quad e 値 \ +$$

X 電子吸引性基*（—CN, —COOR）

カチオン重合

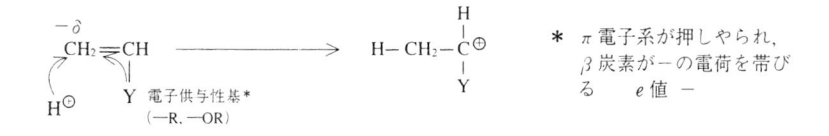

$$\underset{H^\oplus}{\overset{-\delta}{CH_2}=CH} \xrightarrow{} H-CH_2-\underset{Y}{\overset{H}{\underset{|}{C}}}{}^\oplus \qquad * \pi 電子系が押しやられ，\beta 炭素が-の電荷を帯びる \quad e 値 \ -$$

Y 電子供与性基*（—R, —OR）

イオン重合の特徴

① イオン対を形式している（イオンは裸では存在しない）．
② 連鎖の活性点間では決して反応しない．
③ 反応速度が大きく，高分子量のポリマーを生成する．

ビニルモノマーの置換基の性質によって連鎖重合の様式がきまる．表 3-5 にイオン機構のみで重合するモノマーの代表例を示す．

連鎖重合機構は，モノマーの反応性と開始剤の性質によってきまり，ラジカル重合のみ（ハロゲン化ビニル類），カチオンとラジカル，アニオンとラジカル，および

表 3-5　連鎖重合様式とモノマーの構造

カチオン重合のみ
　　イソブチレンおよびその誘導体　：$CH_2=C(CH_3)_2$, $CH_2=C(CH_3)R$
　　アルキルビニルエーテル類　　　：$CH_2=CHOR$ (たとえば $CH_2=CHOBu$)
　　　　　　　　　　　　　　　　　　$CH_2=C(R)OR$, $CH_2=C(OR)_2$
　　　　　　　　　　　　　　　　　　$CH_3OCH=CHOCH_3$
　　α-メチルスチレン誘導体　　　　：$CH_2=C(CH_3)$
　　　　　　　　　　　　　　　　　　　　　|
　　　　　　　　　　　　　　　　　　　　　(C₆H₄)
　　　　　　　　　　　　　　　　　　　　　|
　　　　　　　　　　　　　　　　　　　　　OR

アニオン重合のみ
　　ビニリデンシアニド　　　　　　：$CH_2=C(CN)_2$
　　関連するシアノ誘導体　　　　　：$CH_2=C(CN)Y$　Y：$-SO_2R$, $-CF_3$, $-COOR$
　　ニトロエチレン類　　　　　　　：$CH_2=C(NO_2)R$

スチレンやブタジエンのようにいずれの重合機構でも起こるものがある．

2）イオン重合開始剤

　求電子試薬（プロトン酸，ルイス酸など）がカチオン重合開始剤に，求核試薬（アルカリ金属類，有機金属化合物など）がアニオン開始剤になる．

カチオン重合開始剤

　　プロトン酸：硫酸，塩酸，リン酸などの水素酸

　　ルイス酸：BF_3, $AlCl_3$, $SnCl_4$, $TiCl_4$, $SbCl_5$ など

　　その他：ヨウ素など

アニオン重合開始剤

　　アルカリ金属：Li, Na など

　　有機金属化合物：アルキル化アルカリ金属（n-Bu-Li など），グリニャール試薬
　　　（φMgBr など）

　　その他：広義の塩基

3）アニオン重合

　アニオン重合におけるモノマーと開始剤の反応性の関係を**表 3-6**に示す．モノマー群 A → B → C → D の順に，置換基の電子吸引性が強くなり，電子吸引性を示す e 値が大きくなるため，開始剤との反応性は高くなる．しかし，生成したカルボアニオンの反応性は逆に，A → B → C → D の順に低くなる．これは α 炭素上の負の電荷が置換基によって吸引され，安定化するためである．

　開始剤の求核性の強さによってモノマー群のアニオン重合性がきまる．

　アニオン重合では，連鎖成長末端のアニオンは溶媒の種類によって次のような状態になっている．

表 3-6 アニオン重合におけるモノマーおよび開始剤の反応性[9),12),15),17)]

開始剤		モノマーの実例	モノマーの e 値
K, KR, Na, NaR, Li, LiR MgR$_2$(錯)	ⓐ — Ⓐ	$CH_2=C(CH_3)C_6H_5$ $CH_2=CHC_6H_5$ $CH_2=C(CH_3)CH=CH_2$ $CH_2=CH-CH=CH_2$	$-0.8 \sim -1.2$ -0.8 — -0.8
Li-, Na-, K-ケチル RMgX, MgR$_2$ AlR$_3$(錯), ZnR$_2$(錯) t-ROLi (ROH なし)	ⓑ — Ⓑ	$CH_2=CHCOOCH_3$ $CH_2=C(CH_3)COOCH_3$	$+0.6$ $+0.4$
Li-, Na-, K-アルコラート (ROH 共存)	ⓒ$_1$ — Ⓒ$_1$	$CH_2=C(CH_3)CN$ $CH_2=CHCN$	— $+0.9 \sim +1.3$
AlR$_3$, ZnR$_2$	ⓒ$_2$ — Ⓒ$_2$	$CH_2=C(CH_3)COCH_3$ $CH_2=CHCOCH_3$	— $+0.7$
ピリジン, NR$_3$ ROR, H$_2$O	ⓓ — Ⓓ	$CH_2=CHNO_2$ $CH_2=C(COOCH_3)_2$ $CH_2=C(CN)COOCH_3$ $CH_3CH=CHCH=C(CN)COOCH_3$ $CH_2=C(CN)_2$	— — $+0.8$ — $+2.6$

~~~CH$_2$-ĈHM$^⊕$ ⇄ ~~~CH$_2$-ĈH Ⓢ M$^⊕$ Ⓢ ⇄ ~~~CH$_2$-ĈH$^⊖$ Ⓢ M$^⊕$ Ⓢ
　　　|　　　　　　　　　|　Ⓢ　　Ⓢ　　　　　　|　　Ⓢ
　　　R　　　　　　　　　R　　　　　　　　　　　R

接触イオン対　　　　　　　溶媒和イオン対　　　　　　　フリーイオン

特徴 非極性溶媒　　　　　　　　　　　　　　　　極性溶媒
　　　反応性低い　　　　　　　　　　　　　　　　反応性高い
　　　ポリマーの立体規則性高い　　　　　　　　ポリマーの立体規則性低い
　　　(∵ モノマーの接近制約)　　　　　　　　(∵ モノマーの接近自由)

リビングポリマー (living polymer)

　イオン重合では成長末端同士で反応せず，モノマーがすべて重合した後でも活性状態を保っている．このような活性状態のポリマーをリビングポリマー (living polymer) と呼ぶ．この系にモノマーを追加すると再び重合が始まり，異種のモノマーの場合はブロックポリマーを生成する．

4) カチオン重合

　カチオン重合の反応性は置換基の電子供与性と開始剤の求電子性の大きさによって決まる．ルイス酸の場合は助触媒 (水やハライドなど) を加え，カチオン種を発生させる．

$$BF_3 + H_2O \longrightarrow (BF_3OH)^-H^+$$
$$TiCl_4 + RH \longrightarrow (TiCl_4R)^-H^+$$

カチオン重合機構

[例] イソブチレン

開始反応

触媒と助触媒反応 → 酸錯化合物形成

$$TiCl_4 + RH \longrightarrow (TiCl_4R)^- H^+$$

$$H^+ + (CH_3)_2C=CH_2 \longrightarrow (CH_3)_3C^+$$

成長反応

$$(CH_3)_3C^+ + (CH_3)_2C=CH_2 \longrightarrow (CH_3)_3C-CH_2\underset{CH_3}{\overset{CH_3}{\mid}}C^+\cdots(RTiCl_4)^-$$

イオン対

停止反応（イオン対の再配列）

$$CH_3[(CH_3)_2CCH_2]C(CH_3)_2^+\cdots(RTiCl_4)^-$$

$$\longrightarrow CH_3[(CH_3)_2CCH_2]_nC\!\!\begin{array}{c}CH_3\\ \diagdown\!\!\diagup\\ CH_2\end{array} + HRTiCl_4$$

その他の考えられる停止機構

ⅰ）触媒または助触媒と成長連鎖との結合（例は少ない）

$$H[CH_2CH_2]_nCH_2CH_2^+\cdots^-OCOCF_3 \longrightarrow H[CH_2CH_2]_nCH_2CH_2OCOCF_3$$

ⅱ）モノマーへの連鎖移動

$$CH_3[(CH_3)_2CCH_2]_nC(CH_3)_2^+\cdots(RTiCl_4)^- + (CH_3)_2C=CH_2$$

$$\longrightarrow CH_3[(CH_3)_2CCH_2]_nC\!\!\begin{array}{c}CH_3\\ \diagdown\!\!\diagup\\ CH_2\end{array} + (CH_3)_3C^+\cdots(RTiCl_4)^-$$

動力学

$$\underset{(触媒)}{A} + \underset{(助触媒)}{RH} \longrightarrow A-RH$$

$$A-RH + \underset{(モノマー)}{M} \xrightarrow{k_i} HM^+\cdots(AR)^-$$

$$HM_n^+\cdots(AR)^- + M \xrightarrow{k_p} HM_{n+1}^+\cdots(AR)^-$$

$$HM_n^+\cdots(AR)^- \xrightarrow{k_t} M_n + ARH$$

$$HM_n^+(AR)^- + M \xrightarrow{k_{tr}} M_n + HM^+(AR)^- \quad （連鎖移動）$$

開始速度
$$V_i = k_i[\text{C}][\text{M}]$$
ただし，C は開始剤 A−RH を表す．

停止速度
$$V_t = k_t[\text{M}^+]$$
ラジカル重合と異なり一次反応であることに注意する．

定常状態を仮定すると，
$$V_i = V_t$$
よって
$$[\text{M}^+] = \frac{k_i}{k_t}[\text{C}][\text{M}]$$

成長（全反応）速度 V_p
$$V_p = k_p[\text{M}^+][\text{M}] = \left(k_p\frac{k_i}{k_t}\right)[\text{C}][\text{M}]^2$$

数平均重合度 $\bar{P}_n$ について，停止反応が連鎖移動より優先する場合は
$$\bar{P}_n = \frac{V_p}{V_t} = \frac{k_p[\text{M}^+][\text{M}]}{k_t[\text{M}^+]} = \frac{k_p}{k_t}[\text{M}]$$

もし，連鎖移動が優先するなら
$$\bar{P}_n = \frac{V_p}{V_{tr}} = \frac{k_p[\text{M}^+][\text{M}]}{k_{tr}[\text{M}^+][\text{M}]} = \frac{k_p}{k_{tr}}$$

となる．

4-2 開環重合 (ring-opening polymerization)

酸素，窒素などのヘテロ原子を含む環状化合物の切れやすい σ 結合が開裂・付加し，ポリマーを生成する反応をいう．極性原子団が関与するためイオン機構で進むものが多い．

主な環状化合物とそのポリマーには**表 3-7** のようなものがある．

1）エチレンオキサイドの重合

$$\text{BF}_3 + \text{H}_2\text{O} \rightleftharpoons \text{H}^{\oplus}\cdots[\text{BF}_3\text{OH}]^{\ominus} + \text{O}\begin{array}{c}\text{CH}_2\\|\\\text{CH}_2\end{array} \longrightarrow \text{H}\cdots\text{O}^{\oplus}\begin{array}{c}\text{CH}_2\\|\\\text{CH}_2\end{array}$$
$$[\text{BF}_3\text{OH}]^{\ominus}$$

$$\longrightarrow \text{HO}-\text{CH}_2\text{CH}_2^{\oplus}\cdots[\text{BF}_3\text{OH}]^{\ominus}$$

$$\begin{array}{c}\text{CH}_2-\text{CH}_2\\\diagdown\;\diagup\\\text{O}\end{array} \longrightarrow \text{HOCH}_2\text{CH}_2\cdots\text{O}^{\oplus}\begin{array}{c}\text{CH}_2\\|\\\text{CH}_2\end{array} \longrightarrow \text{HO}\text{\textendash}(\text{CH}_2\text{CH}_2\text{O})_n\text{H}$$
$$[\text{BF}_3\text{OH}]^{\ominus}$$

表 3-7 環状化合物とそのポリマー

環状化合物	ヘテロ結合	重合可能環員数 n	ポリマー
環状エーテル*	C$_n$―O (環)	3, 4, 5, 7	ポリエーテル $+C_n-O+_n$
環状イミン	NH (環)	3, 4	ポリイミン $+NH+_n$
環状スルフィド	S (環)	3, 4	ポリスルフィド $+S+_n$
ラクトン	C(=O)―O (環)	4, 6, 7, 8	ポリエステル $+C(=O)-O+_n$
ラクタム	C(=O)―NH (環)	4, 5, 7, 8, 9	ポリアミド $+C(=O)-NH+_n$

* $n=1$ ホルムアルデヒド HCHO → トリオキサン 3HCHO → $[+CH_2-O+_3]_n$

$n=2$ アセトアルデヒド CH$_3$CH=O → $+\underset{H}{\overset{CH_3}{C}}-O+_n$

2) カプロラクトンの重合

n (環状カプロラクトン) ⟶ HO$+(CH_2)_5C(=O)-O+_n$H

3) ラクタムの重合

n (CH$_2$)$_5$ (CO, NH 環) ⟶ $+NH+(CH_2)_5C(=O)+_n$

5 配位重合 (coordination polymerization)

配位重合は，モノマーが触媒の活性点と成長鎖末端の間に割り込み，次々に結合しながらポリマーを生成する反応をいう．配位重合では，モノマーが活性点に近づく空間配置が制約されるため，生成するポリマーの立体構造や分子量などを制御することがきる．ここでは配位触媒によるオレフィン類の重合の進歩を紹介する．

5-1 背景

1933 年に，エチレンは微量の酸素（あるいは過酸化物）が存在すると高温・高圧下（120～250℃，1500～2500 気圧）で重合し，ポリエチレンを生成することが，ICI 社（英国）によって見出された．このラジカル重合で得られるポリエチレンは，枝分かれ構造が多いため，密度（$\rho = 0.91 \sim 0.93$）および融点（mp. = 115℃）が低いことから，低密度ポリエチレン（LDPE）または高圧法ポリエチレンと呼ばれている．

$$RO-OR \longrightarrow 2\,RO\cdot$$

$$CH_2=CH_2 \xrightarrow[\substack{120\sim250\,℃ \\ 1500\sim2500\,気圧}]{RO\cdot} RO-CH_2-CH_2\cdot \xrightarrow{(n-1)CH_2=CH_2} {+\!\!\!\!\!+}CH_2-CH_2{+\!\!\!\!\!+}_n$$

mp. = 約 115℃
$\rho = 0.91 \sim 0.93$

1953 年にチグラー（Ziegler）によって新規な配位重合触媒が発見され，常温・常圧下でのオレフィン類の立体規則性重合が可能になった．この画期的な触媒の発見以来，高分子合成は新しい時代を迎えた．しかし，初期の触媒は重合活性が低かったために，さらに高性能の触媒の開発を目指して活発な研究が行われた．その結果，$MgCl_2$ 担持 Ti 系触媒とその改良系，メタロセン系触媒，FI（フェノキシイミン）系触媒が開発され，高性能・高機能のポリオレフィンが製造できるようになった．**表 3-8** に，これらの触媒の特徴を示す．

5-2 チグラー-ナッタ（Ziegler-Natta）触媒

1953 年にチグラーは，$TiCl_4 \cdot Al(C_2H_5)_3$ 系触媒によりエチレンを常温・常圧下で重合し分岐の少ない高密度ポリエチレン（HDPE：mp. = 約 127～135℃，密度：$\rho = 0.95 \sim 0.98$）が得られることを見出した．また，ナッタ（Natta）は 1954 年にこのチグラー触媒と類似の $TiCl_3 \cdot Al(C_2H_5)_3$ 系触媒を用いて，プロピレン（CH_2=CH(CH_3)）から高分子量で立体規則性のよいイソタクチックポリプロピレン（IPP）を重合することに成功した．

イソタクチック　　　シンジオタクチック　　　アタクチック
(isotactic)　　　　　(syndiotactic)　　　　　(atactic)

表 3-8 プロピレン重合にみられる配位重合触媒の進歩

年代 西暦	触媒の名称	触媒活性 (g-PP/g-cat) (約)	立体規則性 (iPP %) (約)	ポリマー の形状
1954〜	チグラー-ナッタ触媒[*1] $TiCl_3/Et_3Al$ または Et_2AlCl	低い 1000	90	悪い[*5] 粉末
1968〜	$MgCl_2$ 担持 Ti 系触媒	高活性 10000	30	悪い 粉末
1975〜 1989	$MgCl_2$ 担持 Ti 系触媒 ED[*2] 併用系	高活性 20000	92〜98	よい やや均一・粉末
1989〜	最新 $MgCl_2$ 担持 Ti 系触媒 ED 併用系	さらに高活性 >50000	99.5	よい 均一・粉末
1980〜	メタロセン触媒・カミンスキー触媒[*3] Cp_2ZrMe_2 + MAO	超高活性	―	よい[*6] 均一・粉末
1995〜	FI 触媒[*4] ポストメタロセン触媒	超高活性	iPP : 97 sPP : 97[*4]	超微粒子状[*6]

[*1] スラリー状,その他の触媒は均一系
1953 年にチグラー触媒 ($TiCl_4/Et_3Al$) で得られたポリエチレン (高密度ポリエチレン (HDPE) という) は分岐が非常に少ない.

[*2] ED (electron donor) = 電子供与体
例 ① ED = EB = エチルベンゾエート,② ED = ジエステル + $R_2Si(OMe)_2$,③ ED = ジエーテル + $R_2Si(OMe)_2$

[*3] ジメチルペンタジエニル (Cp_2ZrMe_2) とメチルアルモキサン (MAO) 系,エチレンの重合に高活性.

[*4] フェノキシイミン系:シンジオタクチックポリプロピレン (SPP) の合成を含めて種々の新規ポリマーの合成可能.

[*5] 触媒残渣と APP の除去必要.

[*6] SiO_2 などに担持.

本表は三井化学 (株) オルガテクノ 2007 (斎藤純治氏) および寺野 稔氏の資料によった[40].

また,チグラー触媒により天然ゴム (ポリ-(シス-1,4-イソプレン)) と同じ構造の合成ゴムの合成が可能になった.

$$CH_2=\underset{CH_3}{C}-CH=CH_2 \longrightarrow \underset{-CH_2}{\overset{CH_3}{C}}=\underset{CH_2-}{CH}-\underset{CH_2-}{\overset{CH_3}{C}}=\underset{CH_2-}{CH}$$

チグラー-ナッタ触媒によるオレフィンの重合機構については,多くの提案がなされたが,次のように考えられている.

$$TiCl_4(液体) + Al(C_2H_5)_3 \longrightarrow C_2H_5TiCl_3 + (C_2H_5)_2AlCl$$
$$TiCl_4(固体) + Al(C_2H_5)_3 \longrightarrow C_2H_5TiCl_3 + (C_2H_5)_2AlCl$$

重合機構

TiCl$_3$ と Al(C$_2$H$_5$)$_3$ を不活性雰囲気下でヘキサンなどの溶媒中で混合するとスラリー状の触媒が生成し,重合の拠点となる Ti$^{\delta+}$ は触媒表面に出ており(空の d 軌道:□),δ^-CH$_2$CH$_3$ と配位状態をつくっている.そのため,モノマーが反応拠点に近づく空間配置が規制されながら重合が進行する.

これを簡略化すると,次のようになる.

開始反応

成長反応

停止反応

このチグラー–ナッタ触媒は,活性が低く多量の触媒を必要とし,しかもアタクチックポリプロピレン (APP) が同時に生成したため,触媒の残渣や APP の分離が必要であった.

5-3 MgCl₂ 担持型 Ti 触媒

1) MgCl₂ 担持型 Ti 触媒の発見

1968 年に，高活性の MgCl₂ 担持型 Ti 系触媒 (MgCl₂/TiCl₄/Al(C₂H₅)₃) が三井化学 (株) によって発見された．この触媒は，Ti が MgCl₂ の結晶中に分散し有効な Ti 濃度が高いため重合活性は著しく向上し，触媒の残渣の除去工程は不要になった．しかし，立体制御は不十分で，イソタクチック指数 (I.I %) が約 30 % と低いため，さらなる改善が図られた．

2) 電子供与体 (ED)/MgCl₂ 担持型 Ti 触媒の開発

電子供与体 (ED) を MgCl₂ 担持型 Ti 触媒に併用することによって，触媒活性および立体規則性が著しく向上し，触媒の残渣と APP の除去工程は不要になった．その経緯をたどると次の通りである．

◎ 1975 年に ED として**エチルベンゾエート (EB)** を用いた MgCl₂/TiCl₄/**EB**/Al(C₂H₅)₃ が開発された．

◎ 1982 年に**ジエステル**と**メトキシシラン**を用いた MgCl₂/TiCl₄/**Diester**/Al(C₂H₅)₃/**R₂Si(OMe)₂** が開発された．

◎ 1982 年に**ジエーテル**と**メトキシシラン**を用いた MgCl₂/TiCl₄/**Diether**/Al(C₂H₅)₃/**R₂Si(OMe)₂** が開発された．

これらの触媒系はさらなる発展を遂げている．

なお，MgCl₂ 担持型 Ti 触媒におけるアルコキシシランの活性中心への寄与モデ

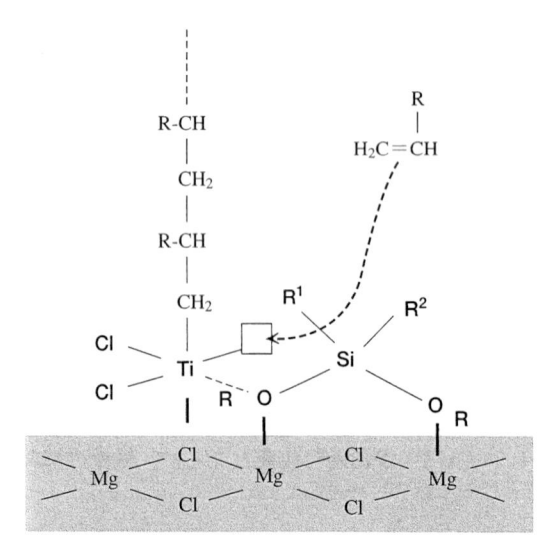

図 3-9 MgCl₂ 担持型 Ti 触媒系の ED アルコキシシランの活性中心への関与モデル (柏 典夫：オルガテクノ 2007)[40]

ルとして図3-9が考えられている.

5-4 メタロセン触媒

1980年に,Ti系触媒とは異なるジルコノセン錯体（Cp_2ZrCl_2）とメチルアルモキサン（MAO）からなる可溶性のメタロセン系触媒が**カミンスキー（Kaminsky）**らによって開発された.

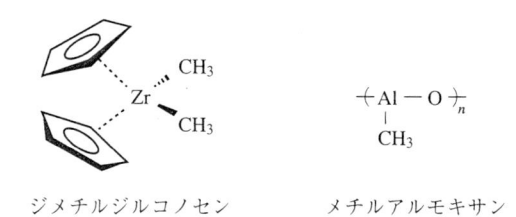

ジメチルジルコノセン　　　メチルアルモキサン

代表的なメタロセン触媒
ジルコノセン錯体（Cp_2ZrCl_2）とメチルアルモキサン（MAO）

この触媒は,エチレンの重合に対してきわめて高活性を示すと共に,分子量分布の狭いポリエチレンを生成する.また,均一系錯体のために,錯体の構造を修飾することにより,種々のオレフィンから立体規則性に優れたポリマーが合成できるようになった.当初はプロピレンの重合では低分子量でアタクチックポリマーしか得られなかったが,−Si−結合で修飾することによってイソタクチックポリプロピレンが得られるようになった.

5-5 FI触媒−超高活性ポストメタロセン触媒[40)〜42)]

1995年になってから高活性ポストメタロセン触媒が次々に開発され,中でも三井化学（株）によって見出された触媒はFI触媒（フェノキシ-イミン）と命名された.このFI触媒は,配位構造の変換や助触媒の選択により,種々のオレフィンから新規の機能をもったポリマーの合成が可能である.そして,

① 超高活性であり,常温・常圧で触媒回転率がきわめて高い（最高で65000回/秒）.
② 立体規則性の制御が可能で,プロピレンの重合において高立体規則性のイソタクチック（IPP）およびシンジオタクチック（SPP）が得られる.
③ エチレンの重合では,分子量の制御が可能で,ほぼ均一な数千の低分子から数百万の高分子までつくり分けられる.
④ FI-Zr触媒の組み合わせにより,粒径10 μmの超微粒子で非凝集性のポリエチレンが得られるなど多くの優れた特長をもっている.

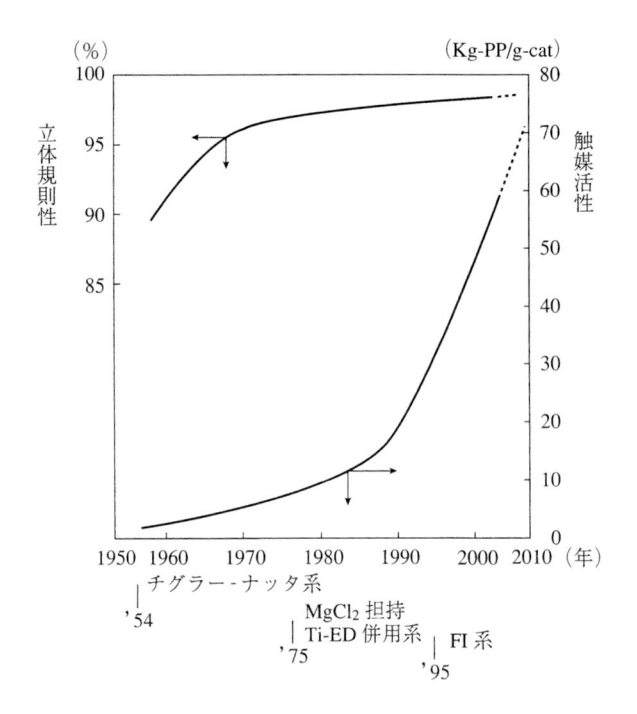

図 3-10 プロピレン重合触媒の歴史的展開
［寺野 稔氏の厚意による］

これらの配位重合触媒によるプロピレン重合の進歩を図 3-10 に示す．

この他，配位重合触媒の進歩によって，耐熱性，電気特性，薬品性など優れたシンジオタクチックポリスチレン (SPS) が出光 (株) によって合成されるなど，高分子合成は著しい発展を遂げている[43]．

5-6 世界のポリオレフィン生産量[40]

世界のポリプロピレンの生産量は約 3200 万トン/年 であるが，そのうち ED (電子供与体)/MgCl₂ 担持型 Ti 触媒によってほぼ 95 % が生産されている．

一方，ポリエチレンの生産量は約 5100 万トン/年 であるが，そのうち ED (電子供与体)/MgCl₂ 担持型 Ti 触媒により約 51 %，高圧法が約 31 %，Cr 系触媒が約 16 % である．メタロセン系や FI 系触媒による生産はわずかであるが，さらなる生産が期待されている．

今後の展開

配位重合触媒の進歩の道のりをたどってきたが，ここで高度に制御された天然高分子 (生体高分子) の生成機構を思い出してもらいたい．超活性の配位重合触媒では，モノマーの活性拠点への接近が著しく規制される結果，生成するポリマーの立

体規則性の制御が可能になり，しかも常温・常圧下で超高活性が発現される．そして，助触媒の効果などは，天然の生体高分子触媒の機能に近い新規触媒開発への夢に近づきつつあるように思える．

6 重合方法

　高分子を合成する方法は，モノマーや触媒の性質，製品に要求される特性などによってきめられる．重合方法は，反応系の相（phase）によって気相，液相および固相重合に分けることができる．これらの重合工程は，連続化，大型化などによる生産性の向上，さらには省資源，省エネルギーやクローズトシステムなどを目指して改善が進んでいる．

6-1　気相重合（gas phase polymerization）

　モノマーが気相状態で供給され，重合が進行する系をいう．
　チグラー-ナッタ触媒によるオレフィンの重合は，供給されたモノマーが触媒の固体表面に配位しながら進行する．高活性な $MgCl_2$ 担持型 Ti 系触媒によるオレフィンの重合は，気相重合の典型的な例であり，ポリオレフィン製造の主流になっている．

6-2　液相重合（liquid phase polymerization）

　液体状態のモノマーを単独あるいは溶液状で重合する場合で，塊状，懸濁，乳化および溶液重合に分けられる．それらの主な特徴を表 3-9 に示す．

6-2-1　塊状重合（bulk polymerization）

　液状のモノマーをごく少量の開始剤で重合するため，生成ポリマーが比較的大きな塊（かたまり）として得られ，そのままに近い形で利用される．たとえば，有機ガラスのメタクリル酸メチル（メタクリル樹脂）やポリスチレン樹脂がある．
　塊状重合では，反応が進み粘度が高くなると，ポリマーラジカル同士間の停止反応が起こりにくくなり重合速度が増大する（自己促進効果：p.78 参照）．さらに反応が進み粘度が高くなるとモノマーの拡散が困難になり，重合速度が逆に遅くなるので，重合温度を上げる．

6-2-2　懸濁重合（suspension polymerization）

　溶媒に溶けにくいモノマーと開始剤をはげしく撹拌すると，開始剤の溶けたモノ

表 3-9　液相重合における各重合方法の主な特徴

重合方法	有利な点	不利な点
塊状重合	不純物の混入が最も少ない そのままの状態で成形可能	重合熱の制御が必要 分子量分布が広い
懸濁重合	重合熱の制御が容易 懸濁状または粒状で使用可能	連続撹拌が必要 安定剤による汚染 洗浄・ろ過・乾燥が必要
乳化重合	重合熱の制御が容易 高分子量で，分子量分布が狭い 重合速度が大きい 乳化液をそのまま使用可能	乳化剤の除去困難 洗浄・ろ過・乾燥が必要
溶液重合	重合熱の制御が容易 ほとんどのポリマーの合成が可能	溶媒の完全除去困難 溶媒の分離や回収が必要で，費用がかさむ

マーが油滴となって分散し，重合が進むとポリマーの小粒子となって水中に分散する．このとき，塊状重合と同じように，ポリマーがモノマーに溶けると透明な粒子状になる．溶けないと微粉末になる．透明な粒子は，最後に美しい真珠やビーズ状になるので，懸濁重合はパール重合，あるいはビーズ重合とも呼ばれる．スチレンの懸濁重合で得られるポリマービーズの径は約 0.2～3 mm である．塩化ビニルの場合は，径 50～150 μm の細かい粒子のポリマーが懸濁したスラリー状で得られる．未反応のモノマーは減圧で回収した後，ポリマーを水と分離し，乾燥する．

　懸濁重合では油滴が集まるのを防ぐために，分散安定剤の水溶性のポリマーや無機化合物が少量加えられる（**図 3-11**）．

6-2-3　乳化重合（emulsion polymerization）

　セッケンのような親水性部分と疎水性部分をもつ界面活性剤は，水にある濃度以上（約 0.2～0.5 %）加えると，親油性部分を内側に向け，親水性部分を外側の水に向けたミセルと呼ばれる集合体を生成する．ミセルは，乳化剤を 0.5～2.0 % 添加すると約 10^{18} 個/mL できるといわれている．この水溶液にモノマーを加えるとミセル中に取り込まれる（可溶化という）（図 3-11）．スチレンの場合は，ミセル 1 個当たり約 200～1000 個のモノマーが可溶化するようである．このようにモノマーが可溶化状態になると，水に溶けた開始剤（たとえば，過硫酸カリウム）から生じたラジカルがミセル内に拡散・侵入し重合が開始する．ミセル内の成長ラジカル濃度はきわめて小さく（ミセル 1 個に対して平均 1/2 個といわれる），停止反応が起こりにくいため生成するポリマーの分子量はきわめて大きくなる．成長反応は，水中に油滴状に浮遊しているモノマーがミセル内部に供給され進む．重合が完了すると生成ポリマーは乳濁液（エマルション）あるいはラテックス状で得られる．そのまま

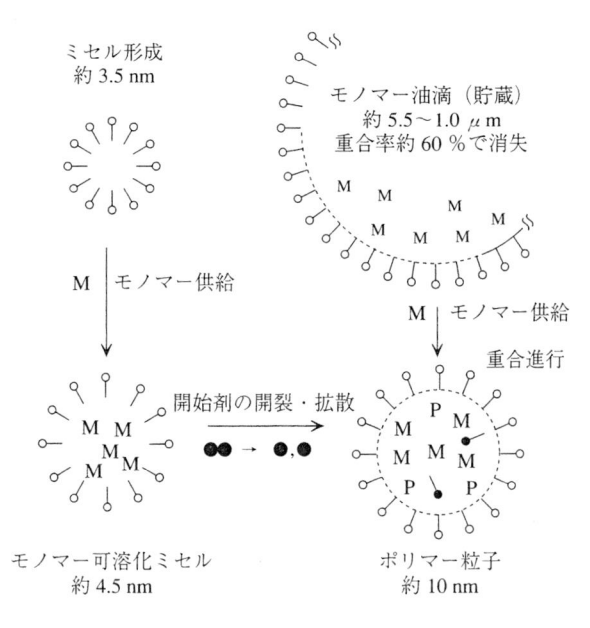

図 3-11 乳化重合のモデル
○―：乳化剤（界面活性剤）　CH₃CH₂CH₂ ―― COONa
　　　　　　　　　　　　　　　疎水部　　　親水部
●●：開始剤　M：モノマー　P：ポリマー
●―：成長ポリマー

の状態で，塗料，繊維処理剤などとして使用される．

　乳化重合により，ジエンモノマーからの種々の合成ゴム，たとえばスチレン-ブタジエンゴム（SBR），アクリロニトリル-ブタジエンゴム（NBR）などが製造されている．また，塩化ビニル，酢酸ビニル，スチレンなどのビニル系ポリマーが合成されている．

6-2-4　溶液重合 (solution polymerization)

　モノマーや重合開始剤を適当な溶媒に溶解して重合する方法である．モノマーと生成ポリマーを溶かす溶媒中で行う場合（均一重合法）と生成ポリマーの溶けない溶媒中で行う場合（不均一重合法）があるが，塊状重合と似ている．重合熱の蓄積が避けられる利点がある．塊状重合に比べて重合速度や生成ポリマーの分子量は小さくなる．工業的には，ポリ塩化ビニル，ポリ塩化ビニリデン，フッ素樹脂を除くほとんどの高分子の合成に用いられているが，溶媒の分離や回収に費用がかさむため，大量生産は塊状重合に向かっている．

6-3　固相重合 (solid state polymerization)

　モノマーが固体（結晶）状態を保ったまま熱，光，γ線によって重合する系をいう．

モノマー分子の動きが制限された状態で重合が起こるので，特異な反応性を示し，規則正しく配列したポリマーが得られる．

第4章

高分子の反応

　高分子は低分子の有機化合物にみられる置換，付加，脱離，環化や分解反応を起こすため，このような化学反応を利用して，高分子の改質や，新しい機能を付与することができる．しかし，高分子の場合は，反応にあずかる官能基が高分子鎖上にあり反応系中に偏在することや，隣接する置換基の影響などのために，低分子の反応とは様子が異なる．また，高分子の反応性は，溶解性や立体構造などによって著しく影響される．

　本章では，高分子の反応を便宜的に，1）低分子との反応，2）分子内の反応，3）分子間の反応，4）分解反応，5）酵素反応 に分けて代表的な例を説明する．さらに，高分子の劣化と環境問題についても言及する．

1　高分子と低分子の反応

　高分子は低分子との反応により官能基の導入，グラフト化，さらには化学構造の異なる別の高分子を合成してから相当する高分子に変換することができる．

1-1　官能基の導入反応

　ポリスチレンはフェニル基をもっているため，低分子の芳香族化合物と同じように，求電子置換反応により種々の官能基を導入することができる．その主な例を図4-1に示す．

　クロロメチル化ポリスチレンの $-CH_2Cl$ 基は反応性に富むため，さらに多くの誘導体を生成することができる（図4-2）．また，ポリエチレンをクロロスルホン化し，ゴムのような性質を付与することもできる．

$$\sim\!\!\sim\!\!\sim CH_2-CH_2-CH_2-CH_2 \sim\!\!\sim\!\!\sim \xrightarrow{SO_2+Cl_2} \sim\!\!\sim\!\!\sim CH_2-CH-CH_2-CH \sim\!\!\sim\!\!\sim$$

（Cl　　SO₂Cl）
ハイパロン（ゴム）

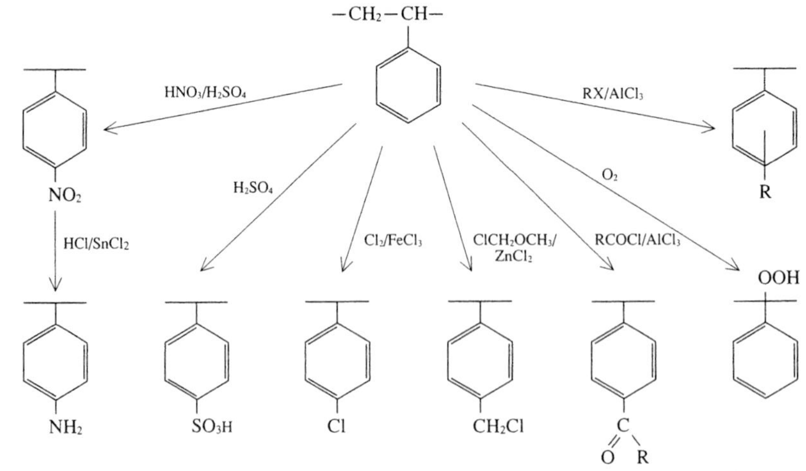

図 4-1 ポリスチレンの反応

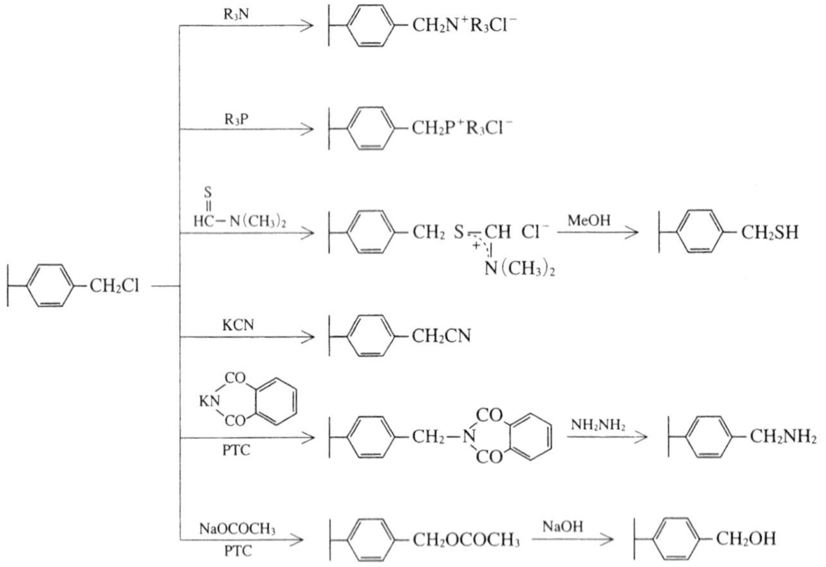

図 4-2 クロロメチル化ポリスチレンの反応

1-2 側鎖の置換と脱離反応

1-2-1 セルロース誘導体の生成

セルロースの −OH 基はエステル化やエーテル化反応などを起こすため，種々のセルロース誘導体をつくることができる．代表例として，硝酸セルロースや酢酸セルロースなどがあげられる（図 4-3）．

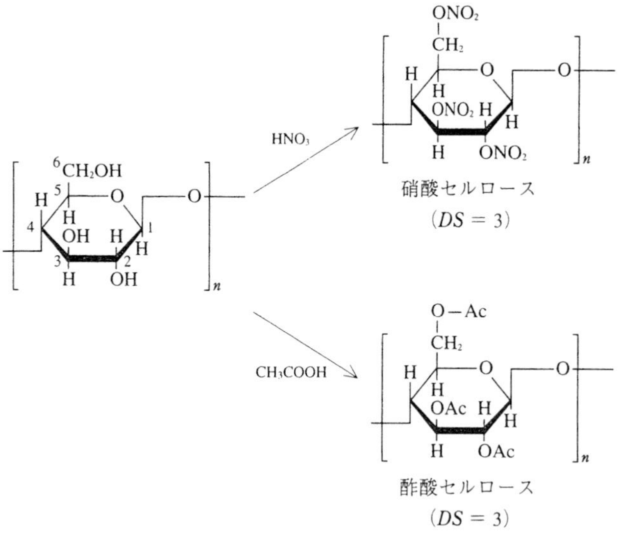

図 4-3 セルロース誘導体の生成

なお，グルコース単位中の 3 個の −OH 基（C-2, C-3, C-6 位）が置換される数を置換度（DS）といい，$DS = 3$ が最大である．この価によって誘導体の性質が異なる．

1-2-2　ポリビニルアルコールの生成

ポリビニルアルコールは，モノマーのビニルアルコールが存在しないため，直接合成できない．そのため酢酸ビニルを重合し，まずポリ酢酸ビニルをつくり，その側鎖のアセチル基を加水分解（ケン化）してポリビニルアルコールに誘導する．

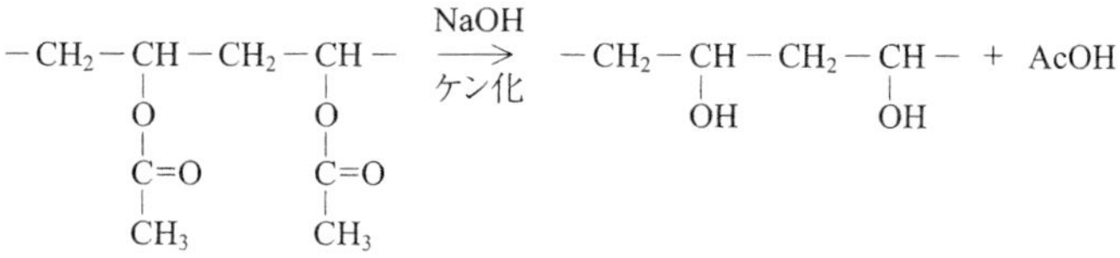

$$-CH_2-CH-CH_2-CH- \xrightarrow[\text{ケン化}]{\text{NaOH}} -CH_2-CH-CH_2-CH- + AcOH$$

1-3　グラフト重合反応

幹高分子（A）上にラジカルのような活性点をつくり，別のモノマー（B）を重合させ，幹高分子と異なる高分子を導入させることができる．このように枝分かれした構造の高分子をグラフトコポリマーという．なお，末端からモノマー（B）が重合し直鎖状になったものをブロックコポリマーという（図 4-4）．

グラフト重合により幹の高分子にない性質を付与することができる．たとえば，疎水性のポリエチレンに親水性のアクリル酸をグラフト重合すると，吸水性が高く，

しかも水に溶けない素材が得られる．

$$-CH_2-CH_2-CH_2-CH_2- \ +\ n\,CH_2=CH\underset{COOH}{\ } \longrightarrow -CH_2-CH_2-CH-CH_2-\underset{\substack{CH_2\\HC-COOH\\CH_2\\HC-COOH}}{\ }$$

ポリエチレン　　　　　アクリル酸
（疎水性）　　　　　　（親水性）

—A—A—A—A—A— ＋ nB ⟶ —A—A—A—A—A— （グラフトコポリマー）
（B枝分かれ構造）

⟶ —A—A—A—A—A—B—B— （ブロックコポリマー）

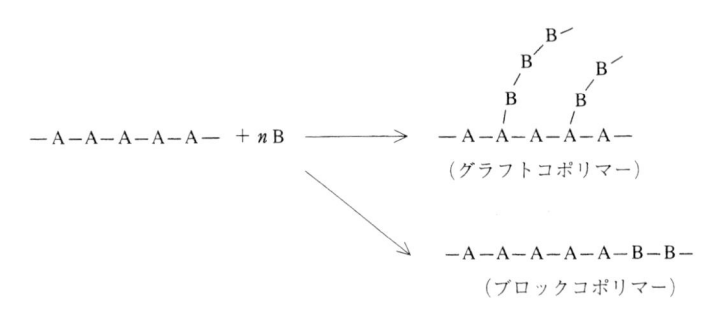

図 4-4　グラフトコポリマーおよびブロックコポリマー

2　高分子内の反応

高分子は側鎖の官能基同士で環化や脱離反応を起こす．

2-1　環化反応

2-1-1　ポリビニルアルコールのアセタール化

ポリビニルアルコールをアルデヒド類でアセタール化処理すると耐水性が発現する．たとえば，ポリビニルアルコールをホルムアルデヒドで処理することにより耐水性のビニロン繊維が得られる．

$$-CH_2-CH-CH_2-CH-CH_2-$$
$$\quad\quad\ OH\ \quad\quad\ OH$$

↓ RCHO　ホルマール

—CH₂—CH—CH₂—CH—CH₂—CH₂—CH₂—CH—CH₂—CH—
　　　　O　　　　O　　　　　　OH　　　　O　　　　O
　　　　　C　　　　　　　　　　　　　　　C
　　　H／＼　　　　　　　　　　　　　　H／＼
　　　　 R　　　　　　　　　　　　　　　 R

2-1-2 ポリアクリロニトリルの環化

ポリアクリロニトリルは空気中，200～300℃で加熱すると環化し，しだいに黄色から赤褐色を経て黒化する．さらに不活性ガス中，800～2000℃で加熱し続けると，脱シアン化水素，脱窒素反応が起こり炭素繊維を生成する．

ポリアクリロニトリル

ポリキニザリン → 炭素繊維

2-2 脱離反応

脱離反応は，後で述べる分解反応における側鎖の反応と同じであり，ポリ塩化ビニルの脱塩化水素に代表される（本章 4-2-2 参照）．

ポリ塩化ビニルは約 200℃ に加熱すると塩化水素を脱離し二重結合を生成する．いったん二重結合が生成すると，隣接する塩素の反応性が高くなり，脱塩化水素が容易に進み共役二重結合をもつポリエンが生成する．

ポリエン

3 高分子間の反応

高分子同士の反応により架橋ポリマーやブロックポリマーが生成する．

3-1 架橋反応

高分子同士で橋かけ構造をつくる反応として，ジエン系ゴムの架橋反応がよく知られている．この反応で最も重要なのは橋かけ剤であり，ふつう硫黄が用いられる

ことから加硫 (vulcanization) と呼ばれている．加える硫黄の割合によって架橋密度が異なり，多くなると硬くなり，輪ゴム（数 % 以下），タイヤ（約 20 %），エボナイト（30〜40 %）などとして使われる．

$$\sim\!\!\sim\!\!CH_2-\underset{CH_3}{C}=CH-CH_2\sim\!\!\sim \xrightarrow[\text{（加硫促進剤）}]{R\cdot} \sim\!\!\sim\!\!CH_2-\underset{CH_3}{C}=CH-\dot{C}H\sim\!\!\sim$$

$$\xrightarrow{S_x} \sim\!\!\sim\!\!CH_2-\underset{CH_3}{C}=CH-\underset{\dot{S}_x}{CH}\sim\!\!\sim + \sim\!\!\sim\!\!CH_2-\underset{CH_3}{C}=CH-CH_2\sim\!\!\sim \longrightarrow \sim\!\!\sim\!\!CH_2-\underset{CH_3}{C}=CH-\underset{|}{CH}-\underset{|}{CH}\sim\!\!\sim$$
（架橋構造：S_x 橋）

3-2 鎖延長反応

高分子末端基同士の反応で，分子鎖が延長され，一般にブロック共重合体を生成する．たとえば，ジオールとジイソシアネートとの反応によりウレタン結合をさせ，高分子量化することができる．

$$HO\sim\!\!\sim\!\!OH + O=C=N\sim\!\!\sim\!\!N=C=O$$
$$\downarrow$$
$$\sim\!\!\sim\!\!O-\underset{\underset{O}{\|}}{C}-NH\sim\!\!\sim\!\!NH-\underset{\underset{O}{\|}}{C}-O\sim\!\!\sim$$

4 高分子の分解反応

高分子は分解を受けると分子量や分子間力が低下するため，高分子本来の特性が損なわれる．しかし，この分解反応を利用して原料のモノマーや化学薬品などを回収することができる．高分子の分解反応は，重縮合系と連鎖重合系高分子では様子が著しく異なる．

4-1 重縮合系高分子

官能基同士が反応して水のような低分子の脱離を繰り返しながら高分子量化する重縮合系高分子は，逆に加水分解により原料のモノマーに戻すことができる．この反応は重合とは逆の解重合であり，次式のように示される．

$$\{A-B\}_n + 2n\,HX \rightleftarrows n\,X-A-X + n\,H-B-H$$

このようにして，ポリアミド（ナイロン）やポリエステル（PET）などは，それぞれの原料に戻して再利用することができる．また，植物由来の高分子であるセルロースやデンプンから，酸（硫酸など）や酵素（セルラーゼ）による分解反応により，単糖類（グルコース）を得ることができる．

$$セルロース + n\,H_2O \longrightarrow グルコース$$

さらに，このグルコースの発酵によりエタノール（燃料のバイオエタノール）や植物由来のポリ乳酸の原料である乳酸が得られる．

4-2 連鎖重合系高分子

骨格が主に炭素同士の結合（−C−C−）からなる連鎖重合系高分子（主にビニル系高分子）の分解は酸素の影響を著しく受ける，と同時に側鎖の構造によって様子が異なる．

4-2-1 酸素存在下の反応

熱や光などによって基質（RH）の高分子鎖上にラジカル（R·）が生成すると，酸素と速やかに反応しペルオキシラジカル（ROO·）になる（R· + O_2 ⟶ ROO·）．ROO· は基質（RH）から水素を引き抜き，ヒドロペルオキシド（ROOH）を生成する（ROO· + RH ⟶ ROOH）．この ROOH は容易に分解し，生じたアルコキシラジカル（RO·）は基質（RH）と反応してアルコール（ROH）とアルキルラジカル（R·）を生成する（RO· + RH ⟶ ROH + R·）．

このように酸素*を介した連鎖反応は，自動酸化反応（autoxidation）と呼ばれ，図 4-5 のように示される．この酸化反応では，酸素を含んだ官能基の生成と同時に分子鎖の切断や架橋反応が起こる．なお，酸化反応は常温でも起こるため，油や食品などの品質低下の原因になっている．

4-2-2 酸素不在下の反応

酸素のないときの高分子の分解反応はより厳しい条件のときに起こる．高分子の熱分解反応は高温で起こるため複雑であるが，大まかに主鎖の切断と側鎖の反応に分けられる．さらに，主鎖の切断反応はランダム分解と解重合反応に，側鎖の反応は脱離反応と環化反応に分けられる．

---

* 通常の酸素分子は，最外殻の分子軌道に入っている電子のスピン（電子の自転には左と右回りがある）は同じ方向に向いており，三重項状態である．ほとんどの分子が基底状態では一重項であるのに対して，酸素分子は基底状態でビラジカル（2 個のラジカル）の三重項（$^3O_2$）のため反応性に富んでいる．なお，電子スピンの多重度は $2S+1$ で表され，一重項は $2(+1/2-1/2)+1=1$，三重項は $2(+1/2+1/2)+1=3$ のときである．

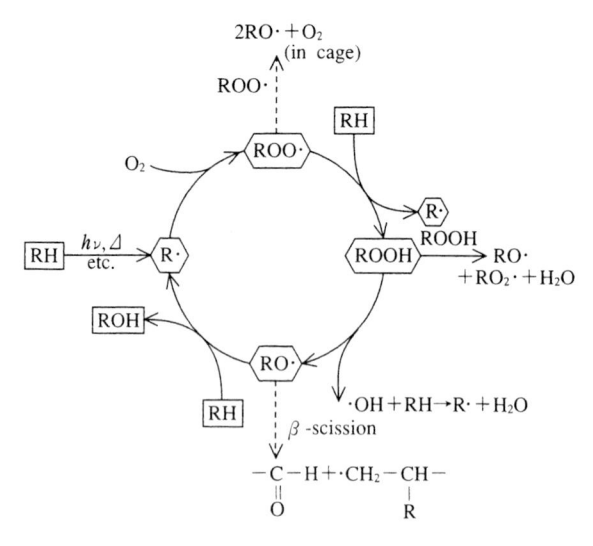

図 4-5 自動酸化スキーム

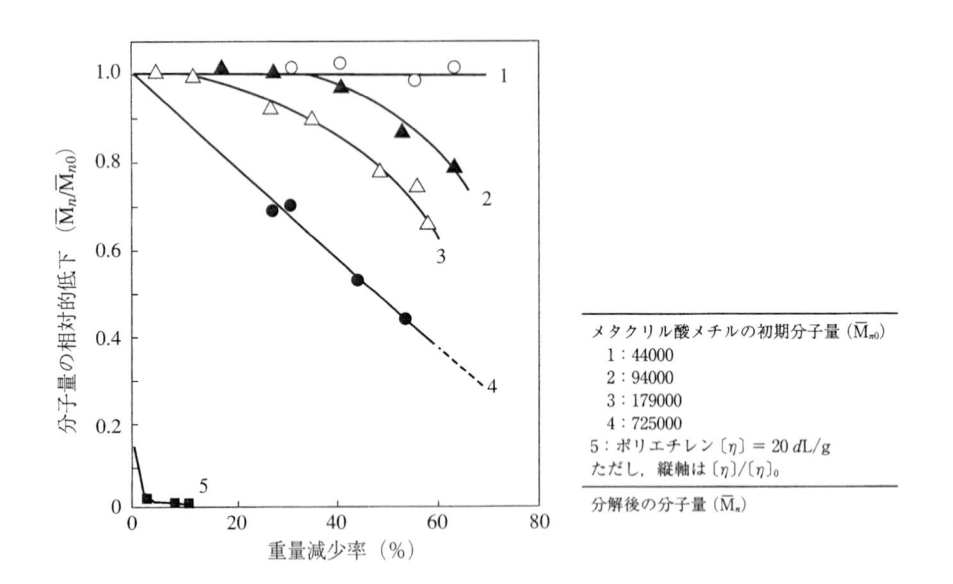

図 4-6 高分子の分解挙動の比較（ランダム分解と解重合）[22]

メタクリル酸メチルの初期分子量 ($\bar{M}_{n0}$)
1 : 44000
2 : 94000
3 : 179000
4 : 725000
5 : ポリエチレン $[\eta] = 20\ dL/g$
ただし，縦軸は $[\eta]/[\eta]_0$

分解後の分子量 ($\bar{M}_n$)

主鎖の切断反応 { ランダム分解 / 解重合反応

側鎖の反応 { 脱離反応 / 環化反応

表 4-1 主な高分子の熱分解時のモノマー収率

高 分 子 (略号)	モノマー収率 (%)
ポリメタクリル酸メチル (PMMA)	100
ポリテトラフルオロエチレン (PTFE)	100
ポリ α-メチルスチレン (PαMS)	100
ポリオキシメチレン (POM)	100
ポリスチレン (PS)	42
ポリイソブチレン (PIB)	32
ポリプロピレン (PP)	2
ポリエチレン (PE)	微量
ポリブタジエン (PBD)	1.5

(注) 解重合型の高分子は，主に α-炭素に置換基が2個結合しており，生成するラジカルは比較的安定である[22].

なお，光分解は，高分子を構成している結合エネルギーに見合った波長の光を吸収したときに起こる．

1) 主鎖の切断反応

高分子のランダム分解では分子量の低下は急激に起こるが，モノマーはほとんど生成しない．一方，解重合では分子量の低下は緩慢であるが，モノマーが高い収率で得られる．典型的な例を図4-6に示したように，ランダム分解をするポリエチレンではほとんどモノマーは生成しないが，解重合型のポリメタクリル酸メチルは分子量に応じて高収率でモノマーが回収できる．

主な高分子の熱分解時のモノマー収率を表4-1に示す．

2) 側鎖の反応

側鎖の脱離反応では，ポリ酢酸ビニル，ポリ塩化ビニルやポリビニルアルコールのように，低分子化合物を脱離しポリエンを生成する．

環化反応ではポリアクリロニトリルなどの例がある（本章2-1-2参照）．

5 酵素反応

生体内の化学反応は，温和な条件下（水中，常温，常圧）で容易に進む．これは，生体内のほとんどの化学反応に酵素が関与しているためである．

酵素は，酵素タンパク質という高分子量のタンパク質からできており，生体内の代謝作用（物質の分解と合成）をつかさどるが，それ自身は反応の前後では変化しない生体内の触媒である．そして特定の基質の化学変化のみを触媒し，その活性は温度やpHの影響を強く受ける．

5-1 酵素の構造と基質特異性

酵素は反応する基質を厳密に選ぶ性質がある．これを酵素の基質特異性と呼ぶ．酵素の触媒作用は，酵素の限定された活性中心（active center）で行われるが，活性中心は酵素自体の一部である場合と，これに非タンパク質の低分子化合物（これを補酵素または助酵素という）あるいは金属（Cu，Mg，Fe，Caなど，補欠成分という）が加わってできている場合がある．

この活性中心は，酵素分子の全体に分散しているのではなく，酵素分子の特定の部分に局在しており，基質結合部位と触媒部位からなっている．

基質結合部位（binding site）は，基質を認識・選択して酵素に結合させる機能をもち，「鍵と錠」のような関係にある．

触媒部位（catalytic site）は，基質の反応部位に接近して直接触媒作用に関与する部分をいう．このような酵素の構造と基質の関係を図4-7に示す．

5-2 酵素反応の特徴

5-2-1 触媒作用

酵素反応は次式で表される．

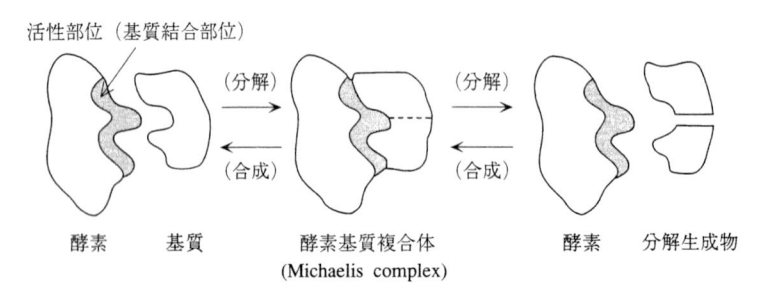

図 4-7 酵素の構造と基質の関係（模式図）

(a) 酵素がないとき　　(b) 酵素があるとき

図 4-8　普通の化学反応と酵素反応の活性化エネルギー E_a の比較

$$\underset{\text{酵素}}{E} + \underset{\text{基質}}{S} \rightleftarrows \underset{\text{活性複合体}}{ES} \longrightarrow \underset{\text{酵素}}{E} + \underset{\text{生成物}}{P}$$

ここで，酵素と基質の結合体である活性複合体（activated complex）は，Michaelis complex と呼ばれる．この酵素反応では，酵素の活性中心である基質結合部位が特定の基質と結合し，触媒部位の協同効果によって化学反応が促進されるため，反応に要する活性化エネルギーは著しく低い（**図 4-8**）．

具体的な例　α-キモトリプシンによるタンパク質の加水分解

α-キモトリプシンは，3本のペプチド鎖が5本のジスルフィド結合（−S−S−）で結ばれた分子量約 25000，アミノ酸 241 個からなる酵素である．基質結合部位は，キモトリプシン中の約 $11 \times 6 \times 4$ Å 大の狭くて深い孔にあり，疎水性アミノ酸残基や主鎖から構成されており，内部は疎水的雰囲気になっている．

この孔に捕まる基質は，孔と疎水結合が形成でき，孔の大きさに適合した大きさの側鎖のあるペプチド（フェニルアラニン，トリプトファン，ロイシンなど）に限定される（**図 4-9**）．

特異的基質（RCO−）がアシル化したキモトリプシン（−R が基質特異性のある孔に固定されている）

アシル基が水の攻撃を受けて脱アシル化する

アシル基：RCO−

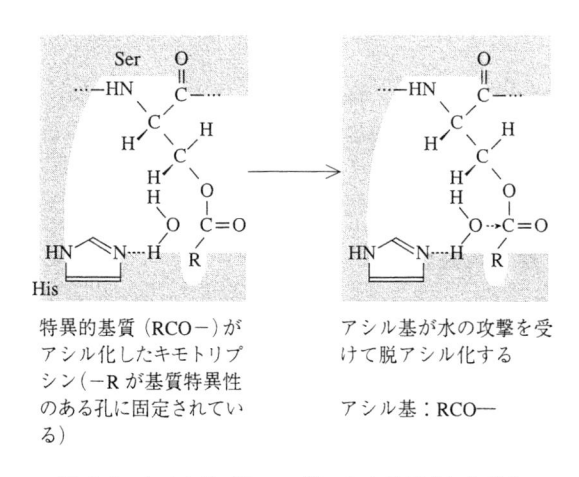

図 4-9　キモトリプシンの脱アシル化反応における基質特異性[10]

(a) 電荷伝達系

(b) アシル化反応

(c) 脱アシル化反応

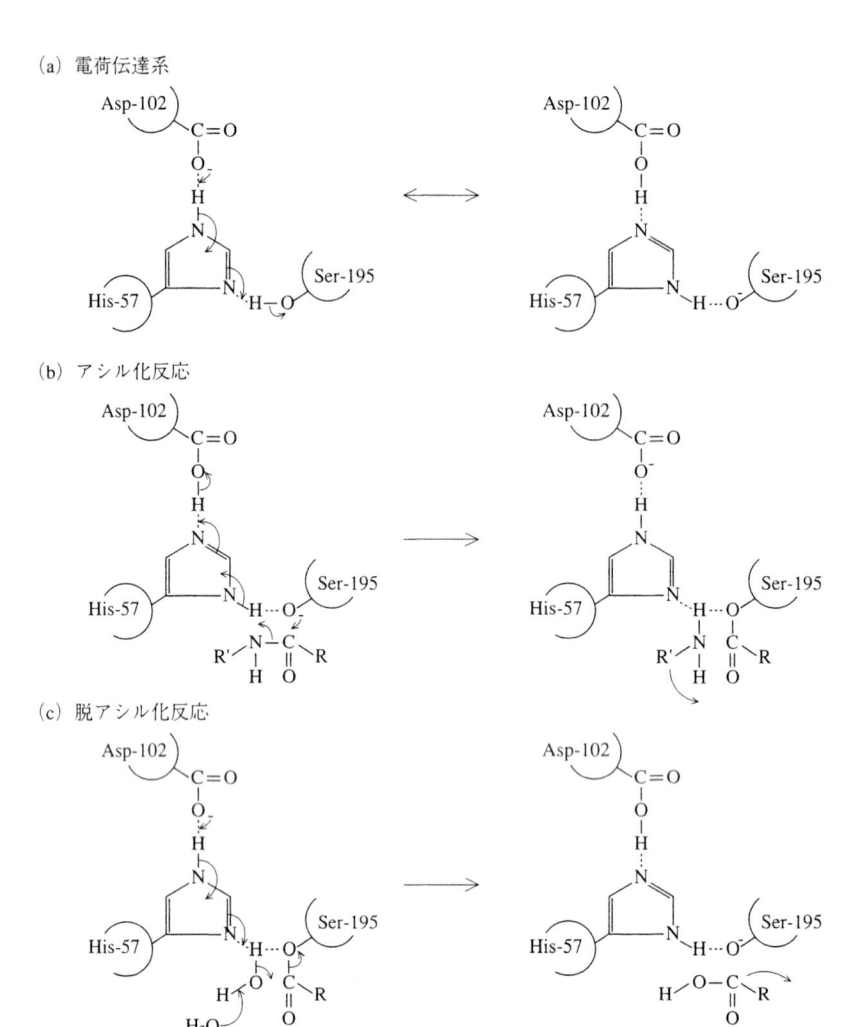

図 4-10　α-キモトリプシンによる加水分解の反応機構[10]

触媒部位は，Ser-195（−OH），His-57（イミダゾール），Asp-102（−COOH）からなり，(a) 電子伝達系に基質が接近，(b) アシル化反応，次いで (c) 脱アシル化反応が起こる（図 4-10）．

5-2-2　熱と酵素の活性

酵素はタンパク質を主成分とするため熱に弱く，多くのものは 70～80 ℃ で変性・凝固し失活する．それゆえ，酵素反応には最適温度があり，そのとき反応速度は最大になる（図 4-11）．この酵素の最適温度は酵素の種類によって違うが，多くはおよそ 35～40 ℃ の範囲にある．

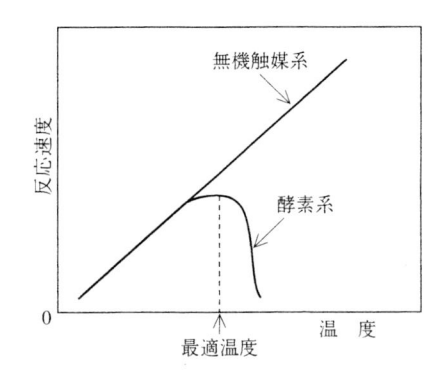

図 4-11 反応速度と温度の関係

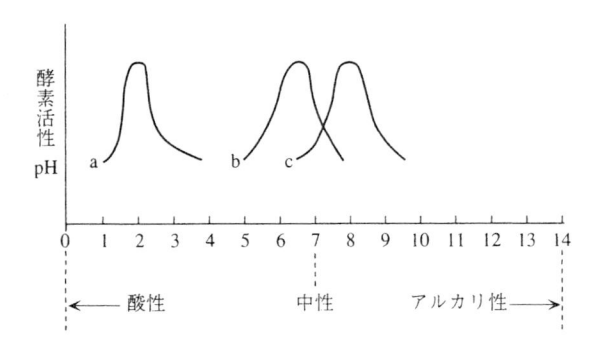

図 4-12 酵素活性とpH
a：ペプシン，b：プチアリン（だ液アミラーゼ），
c：トリプシン

5-2-3 pHと酵素の活性

タンパク質の構造はpHによっても変化する．それゆえ，酵素の活性中心の構造もpHによって影響され，最も高い活性を発現する最適pHがある．多くの酵素は，pH＝5～8が最適であるが，胃液中のペプシンのように，pH＝1.5～2.5でも活性なものがある（図4-12）．

5-2-4 薬物と酵素の活性

酵素の活性は，薬物（シアン化合物や重金属を含む化合物）などに著しく阻害される．たとえば，シアン化カリウム（青酸カリ；KCN）は吸収酵素（シトクロム酸化酵素）の働きを阻害し，生物を致死させる．

表 4-2 酵素の種類と働き

酵素の種類	働き	酵素の例	酵素の働き
加水分解酵素 (主として食物の消化に関与する)	炭水化物の分解	アミラーゼ マルターゼ サッカラーゼ ラクターゼ	デンプン──→デキストリン＋マルトース マルトース──→グルコース＋グルコース スクロース→グルコース＋フルクトース ラクトース→グルコース＋ガラクトース
	タンパク質の分解	ペプシン トリプシン ペプチダーゼ	タンパク質 ──→ ペプトン タンパク質・ペプトン ──→ ポリペプチド ポリペプチド ──→ アミノ酸
	脂肪の分解	リパーゼ	脂肪 ──→ 脂肪酸＋グリセリン
	その他	ウレアーゼ	尿素 → アンモニア＋二酸化炭素 $CO(NH_2)_2 + H_2O \longrightarrow 2NH_3 + CO_2$
酸化還元酵素 (主として発酵・酸素呼吸に関与する)	酸化	シトクロム＝オキシダーゼ（酸化酵素）	酸素による基質の酸化 $AH_2 + \frac{1}{2} \longrightarrow A + H_2O$
	脱水素	テヒドロゲナーゼ（脱水素酵素）	基質から水素を取り去る $AH_2 + X \longrightarrow A + XH_2$
	還元	カタラーゼ	過酸化水素を分解 $2H_2O_2 \longrightarrow 2H_2O + O_2$
脱炭酸酵素 (主として呼吸に関与する)	脱炭酸	デカルボキシラーゼ（脱炭酸酵素）	有機物からカルボキシル基（−COOH）を取る $R \cdot COOH \longrightarrow R \cdot H + CO_2$
転移酵素 (体内の有機物の合成などに関与する)	脂肪酸基(アシル)の転移	トランスアシラーゼ（アシル基転移酵素）	アシル基（RCO−）を転移，脂肪の合成
	アミノ基の移転	トランスアミナーゼ（アミノ基転移酵素）	アミノ基（−NH₂）を転移，アミノ酸の合成

5-3 酵素の種類

酵素の種類は大変多いが，消化，呼吸，合成などの生理作用によって，加水分解，酸化還元，脱炭酸，転移反応をつかさどる酵素に分類されている．**表 4-2** に主な酵素の種類と働きを示す．

6 高分子の劣化と環境問題

6-1 背景

高分子はいろいろな環境下で使用されている間に，熱，光，放射線，微生物などの作用を受けるため，固有の特性が損なわれる．このような現象を一般に劣化（degradation）と呼んでいる．このように劣化を受けやすい高分子であるが，製造，

加工や安定化技術が進歩したお陰で耐久性が著しく向上し，日用品はもとより農業・工業・医療などの分野で広く利用されるようになった．しかも石油などの化石燃料を原料として比較的安価に大量生産でき，消費・廃棄されるようになった．しかし廃棄された高分子は自然界でなかなか分解しないために，廃棄プラスチックによる景観の破壊や動物の被害などが起こり，20世紀末から環境問題になった．廃棄プラスチックを分解しないものと分解するものに大別し，それらの自然界における流れと問題点を**図 4-13**示す．

このような廃棄プラスチックによる環境問題の解決対策として次のことが考えられている．

6-1-1　マテリアルリサイクル（再生利用）

廃棄プラスチックを分別・回収，成形・加工して再利用する．分別・回収しやすいように，主なプラスチック製品には7種のマークが付けられている（**図 4-14**）．そして廃棄プラスチックの再生品が市販されるようになった．

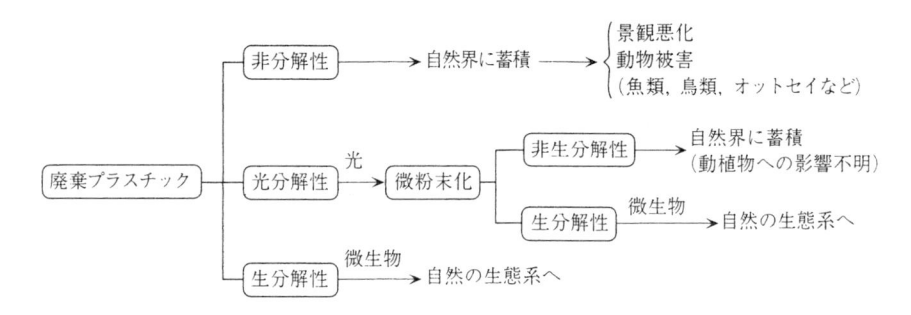

図 4-13　廃棄プラスチックの分解特性と自然界における流れ

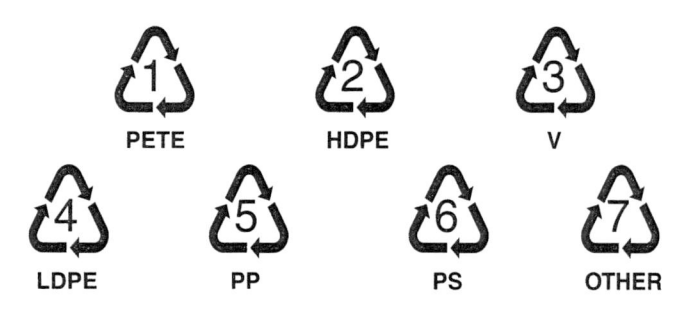

図 4-14　リサイクル向けプラスチックコードとラベル表示
1．PETE：ポリエチレンテレフタレート　　5．PP：ポリプロピレン
2．HDPE：高密度ポリエチレン　　　　　　6．PS：ポリスチレン
3．V：ビニル（ポリ塩化ビニル）　　　　　7．OTHER：その他
4．LDPE：低密度ポリエチレン

6-1-2 ケミカルリサイクル（熱分解利用）

熱分解により，原料のモノマーや化学原料あるいは液体や気体燃料として回収する．なお，各高分子の熱分解特性から分解生成物が予想できる（表4-1 参照）．

6-1-3 サーマルリサイクル（燃焼エネルギーの利用）

廃棄プラスチックを焼却する際に得られる燃焼エネルギーを温水，蒸気，電力用に利用する．

6-1-4 分解性高分子の利用

廃棄プラスチックが自然環境下で速やかに分解し，景観を損なわず動物に危害が及ばないような光分解性および生分解性高分子を使用する．

6-2 光分解性高分子

光分解性高分子は光エネルギー（太陽光）を吸収し容易に分解するように設計されており，光崩壊性高分子とも呼ばれている．この光分解性高分子は光を吸収できる官能基または発色団 (chromophore) を高分子鎖中に導入した官能基導入型と，光増感剤のような試薬を添加した添加剤型に大別できる．

官能基導入型の代表的な例であるエチレン-一酸化炭素 (ECO) 共重合体は，次式のように6員環の活性状態を経たあと分解する．添加剤型には，光増感剤や金属化合物などを高分子に混入したものがある．

$$R-\overset{O}{\underset{\|}{C}}-CH_2-CH_2-CH_2R' \longrightarrow \overset{O\cdots H}{\underset{}{R-C}} \overset{}{\underset{CH_2}{\diagdown}} \overset{CHR'}{\underset{}{\diagup}} CH_2$$

$$\longrightarrow R-\overset{OH}{\underset{|}{C}}-\overset{\cdot CHR'}{\underset{CH_2}{\diagdown}} CH_2 \longrightarrow R-\overset{O}{\underset{\|}{C}}-CH_3 + CH_2=CHR'$$

Norrish II型分解スキーム

6-3 生分解性高分子

セルロース，デンプン，タンパク質などの天然高分子は，微生物によって分解され生態系に組み込まれるため，もともと環境に優しい高分子である．微生物がつくるポリ(3-ヒドロキシブチレート)(P(3HB)) などは当然生分解性に優れているが，合成高分子でも微生物により分解されるものも少なくない．

表 4-3 生分解性高分子とポリエチレンの化学式

試料名	化学式
高密度ポリエチレン	$-(CH_2-CH_2)_n-$
ポリビニルアルコール	$-(CH_2-CH_2)_n-$ $\quad\quad\quad\quad\vert$ $\quad\quad\quad\quad OH$
ポリ(γ-メチル-L-グルタメート)	$-(NH-CH-CO)_n-$ $\quad\quad\quad\vert$ $\quad\quad\quad OH$ $\quad\quad\quad\vert$ $\quad\quad\quad CH_2$ $\quad\quad\quad\vert$ $\quad\quad\quad CO_2-CH_3$
ポリ乳酸	$-(O-CH-CO)_n-$ $\quad\quad\quad\vert$ $\quad\quad\quad CH_3$
3-ヒドロキシ酪酸-3-ヒドロキシ吉草酸	$-(O-CH-CH_2-CO)_n-$ $\quad\quad\quad\vert$ $\quad\quad\quad CH_3 \quad\quad 12.5\%$ $-(O-CH-CH_2-CO)_m-$ $\quad\quad\quad\vert$ $\quad\quad\quad CH_2$ $\quad\quad\quad\vert$ $\quad\quad\quad CH_3$
ポリカプロラクトン	$-(O-(CH_2)_5-CO)_n-$
バクテリアセルロース	(グルコース単位の構造式)

(注) ポリ(3-ヒドロキシブチレート)(P(3HB))より共重合体の方が物性に優れている.

　これらの生分解性高分子は，親水性のヒドロキシ基（-OH），エステル基（-CO-O-）やペプチド（アミド）基（-CONH-）などの官能基をもっている．たとえば，ポリビニルアルコール，ポリカプロラクトンやポリ乳酸などがある．表4-3に代表的な生分解性高分子の化学式をポリエチレンと比較し示す．

6-4 微生物による分解機構

微生物による高分子の分解は，図4-15に示したような過程をたどる．
① 微生物の基質高分子への吸着
② 細胞外酵素の放出と酵素-基質複合体（ES complex）の形成
③ 酵素の活性部位による高分子鎖の切断・低分子量化
④ 細胞内酵素の代謝作用（分解と合成）による消失

微生物は鞭毛などにより高分子の表面や非晶領域に吸着し，細胞外に分解酵素を放出し基質を低分子量化する．この低分子化合物は単量体など水に可溶なため微生

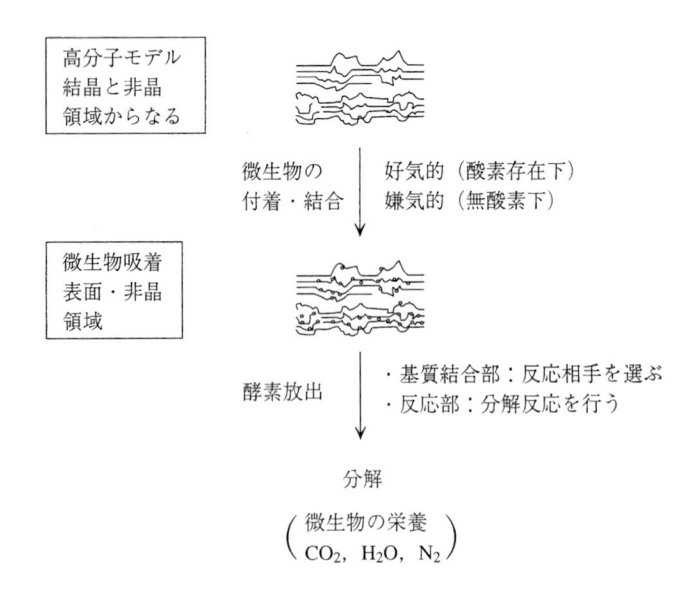

図 4-15 微生物による高分子の分解機構のモデル

物の細胞内に取り込まれ代謝される．

　この一連の微生物による分解反応は，微生物の種類はもとより基質高分子の化学構造と集合状態および反応環境によって大きく影響されるのはいうまでもない．土壌中での種々の高分子の分解性の比較を図 4-16 に示す．このように，ポリエチレンは分解しないが，セルロースとポリカプロラクトンは速やかに分解する．

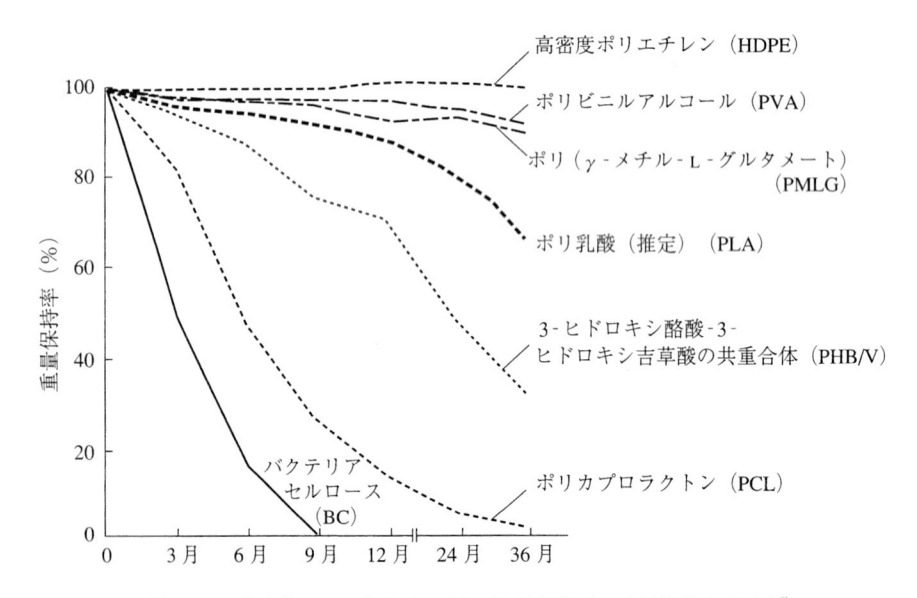

図 4-16　微生物による高分子の分解（土壌埋設時の重量保持率 (%)）[7]
澤田秀雄『生分解性プラスチックハンドブック』(土肥義治編集代表，生分解性プラスチック研究会編)（エヌ・ティー・エス，1995）より．

さらに，化学構造が同じであっても，高分子の分解性は分子量，結晶化度，融点や分岐構造などに影響される．脂肪酸ポリエステルについてみると，次のような傾向がある．

① 分子量の小さいものほど分解されやすい．
② 分子配列が劣り非晶領域の高いものほど分解されやすい．
③ 融点の低いものほど分解されやすい．
④ 分岐（側鎖）構造は分解を阻害する．

6-4-1 ポリカプロラクトンの分解機構

ポリカプロラクトン（PCL）は，土壌から分離される糸状菌のカビ（*Penicillium* sp.）などによって分解される．微生物はその鞭毛などにより非晶領域に吸着し，酵素 *Rhizopus delemar* リパーゼを出し，PCL を加水分解し低分子量化する．その生成物は水に溶ける低分子量のヒドロキシカルボン酸 $H[O(CH_2)_5CO]_nOH$ で，$n = 1 \sim 5$ の単量体〜五量体であるといわれている．このように生成した低分子化合物は微生物の細胞に取り込まれ代謝され，微生物が増殖するために必要な炭素源やエネルギー源となる（図 4-17）．

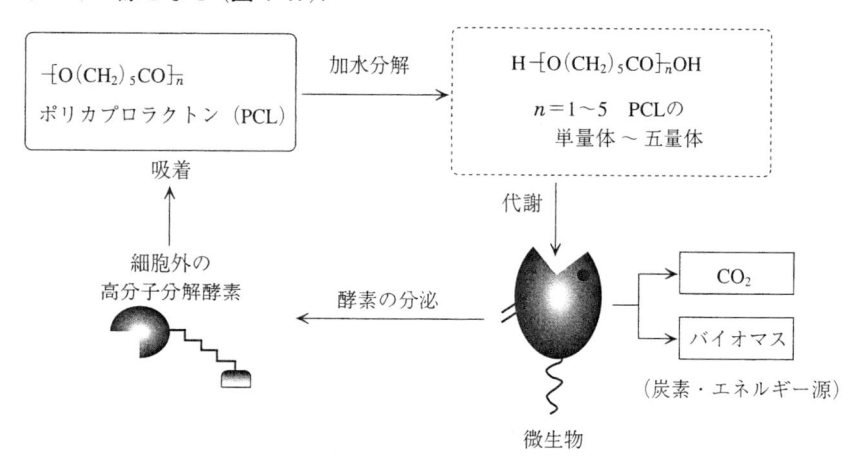

(注）単量体 $HO(CH_2)_5COOH$ は，環化すると ε-ヒドロキシカプロン酸となる．

図 4-17 ポリカプロラクトンの微生物による分解のモデル
[粕谷健一氏の厚意による]

6-4-2 微生物とは[6]

微生物とは，微小で肉眼では観察できず，顕微鏡で識別できる生物の便宜的な総称である．大きさがおよそ 0.1 mm 以下で，単細胞，あるいは多細胞であっても細胞間の形態的・機能的分化がほとんどないものを指す．狭義には，細菌，真菌類お

よびウイルスを指し，広義には，さらに原生動物，微小後生動物，微細藻類などが含まれる．

このような微生物は1グラムの土中に約1億個が活動しており，自然界において物質の分解者として生態系を保つ重要な役割を果たしている（序章参照）．

第5章

機能性高分子

　高分子は，軽くて強靭で加工しやすいなどの特性が生かされ，日用品から工業・農業用や医療用などの製品として広く利用されている．本章では，材料の機能に対する考え方を述べてから，便宜的に高分子の化学反応を生かした化学的機能，物理現象を発現する物理的機能および医療・医用機能を備えた代表的な例を紹介する．

1　材料の機能

　材料の機能*とは，外部から熱，光，応力，電気などの刺激に応答し，質的および量的に変換しうる能力をいう（**図5-1**）．このような機能をもった高分子材料は機能性高分子（functional polymer）と呼ばれ，すでに実用化されている例もたくさんある．高分子によって発現される機能を，大まかに化学反応，電気・磁気・光学的機能に分けて**表5-1**に示す．

　このような機能の極致のお手本は，人体の五感（視覚・聴覚・嗅覚・味覚・触覚）にかかわる情報伝達機能や，脳にみられるような記憶あるいは判断する機能などである．

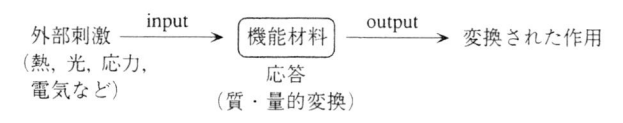

外部刺激　──input──→　機能材料　──output──→　変換された作用
（熱，光，応力，　　　　　　応答
電気など）　　　　　　（質・量的変換）

図 5-1　材料の機能

2　化学的機能

2-1　イオン交換樹脂

　イオン交換樹脂は，イオンを交換できる官能基をもち，水や溶媒に不溶な三次元

---
* 機能（function）：物の働き；相互に関連して全体を構成している各因子が有する固有な役割，またその役割を果たすこと（『広辞苑』（岩波書店））．

表 5-1 機能性高分子材料の分類

機　能	主　な　例
1．化学的機能	
1）分離・吸着・吸収機能など	イオン交換樹脂，キレート樹脂，高分子膜，分子凝集剤，吸水性ポリマー
2）触媒機能	高分子触媒（高分子金属錯体）
3）酵素担持機能	固定化酵素（バイオリアクター）
2．物理的機能 　（電気・磁気・光学的機能）*	導電性ポリマー，感光性樹脂（フォトレジスト），情報記録材料（レコード盤，磁気テープ，CD・DVD盤），情報伝達材料（光ファイバー，液晶ポリマー，有機EL），機能性複合材料（ナノコンポジット）
3．医療・医用機能 　（生体代替機能）	注射器，血液バック，コンタクトレンズ，歯科材料，縫合糸，眼内レンズ，人工血管・腎臓・弁・肺・心臓など

＊ 各機能がたがいに補完し合うことが多い．

構造の多孔性の樹脂で，古くから実用化されている機能性材料の1つである．代表的な高分子母体は，スチレンとジビニルベンゼンの共重合体である．

この母体樹脂のフェニル基に官能基を導入することによって，イオン交換機能が付与される．

(a) イオン交換樹脂 　　　　(b) イオン交換膜

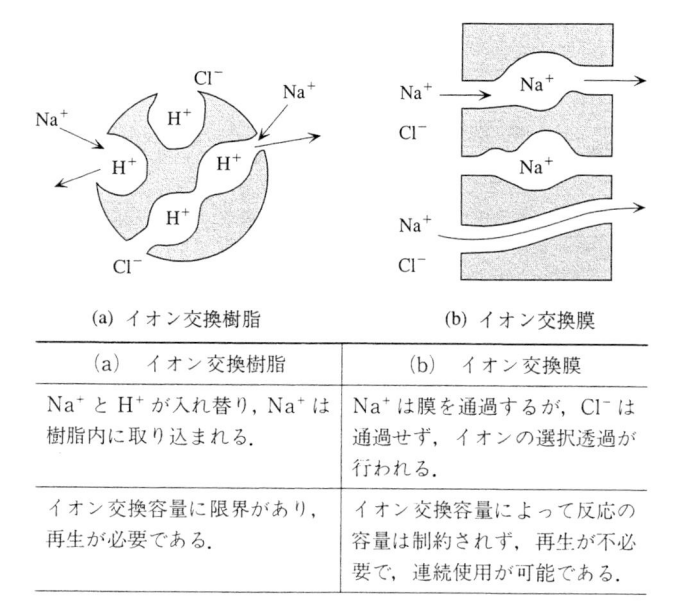

(a) イオン交換樹脂	(b) イオン交換膜
Na$^+$ と H$^+$ が入れ替り，Na$^+$ は樹脂内に取り込まれる．	Na$^+$ は膜を通過するが，Cl$^-$ は通過せず，イオンの選択透過が行われる．
イオン交換容量に限界があり，再生が必要である．	イオン交換容量によって反応の容量は制約されず，再生が不必要で，連続使用が可能である．

図 5-2　イオン交換樹脂とイオン交換膜の比較[25]

このイオン交換樹脂は，純水製造用として最も早く工業化された機能性高分子である．この他，高分子母体に特殊な官能基を導入することにより，特定の金属イオンのみを選択的に捕集する**キレート樹脂**などがある．

2-2　分 離 膜

2-2-1　イオン交換膜

イオン交換膜は，イオン交換能をもつ膜状の高分子であるが，イオン交換機構はイオン交換樹脂とは異なる（**図 5-2**）．

イオン交換膜は，海水から食塩や飲料水を大規模につくるのに用いられている．

2-2-2　各種分離膜の比較

物質の分離には古くから布やろ紙によるろ過が使われているが，ごく微粒子の分離には限界がある．そのため特殊な高分子膜が開発され，海水の淡水化や気体成分の分離まで可能になった．これらの分離膜は膜中の径と分離される物質の大きさ（粒径または分子量）によって**図 5-3**のように分類される．

膜の材料には酢酸セルロース，芳香族ポリアミド，芳香族スルホンのスルホン化膜などが用いられている．

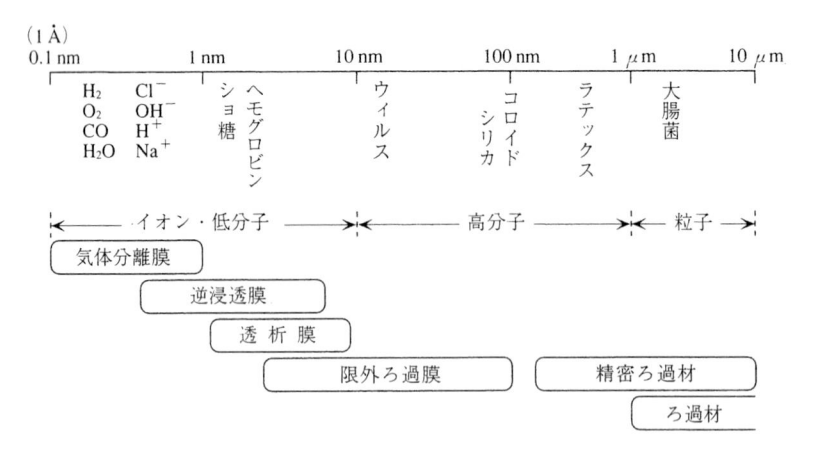

図 5-3 各種交換膜と分離能

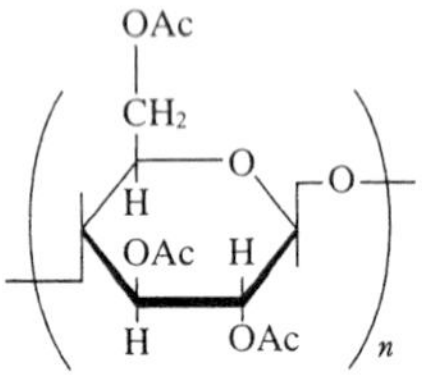

ろ　　過：1 μm より大きいもの
精密ろ過：0.025 〜 10 μm 程度
限外ろ過：数 nm 〜 100 nm，圧力 = 0.5 〜 10 kg/cm^2
逆 浸 透：数 nm 以下，圧力 = 20 〜 100 kg/cm^2
　　　　　逆浸透では水は通すが，低分子の塩類は通さない膜を用いる．
　　　　　海水の淡水化や，果汁飲料などの濃縮，製薬用水・医療用水の処理，
　　　　　電子工業用超純水の製造，金属廃水の処理に用いられる．

酢酸セルロース膜

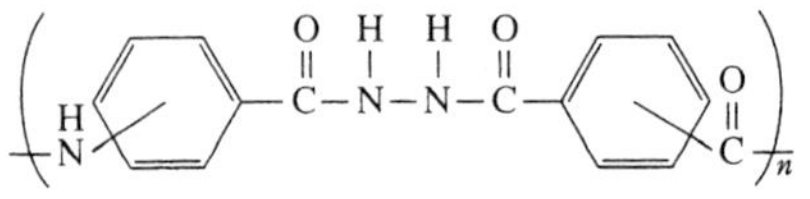

芳香族ポリアミド膜

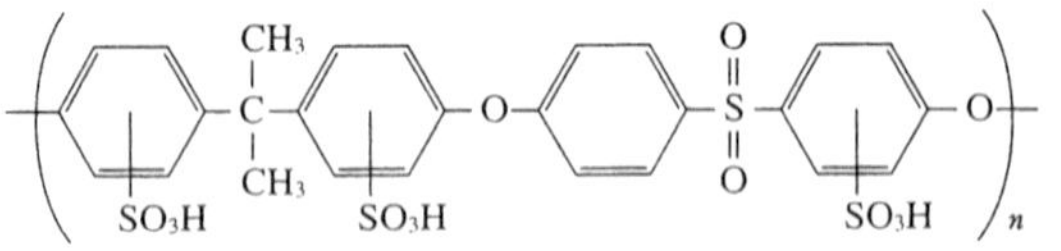

芳香族スルホンのスルホン化膜

1）透析膜

　膜を溶質が透過する現象を透析，逆に溶媒が透過する現象を浸透と呼んでいる．浸透の駆動力は圧力差であるが，透析の駆動力は濃度差や電位差である．透析膜の両側に濃度差があると，溶質は高濃度側から低濃度側に移動（透析）し，溶媒は浸透圧により逆方向に移動（浸透）する．

　透析膜は，工業的にアルカリや酸の回収に利用されているが，現在最も重要なのは，血液透析（人工腎臓）用である．これは約 1 万本の中空糸をケース（25 cm × 5 cm 幅）に入れたもので，血液は中空糸の内側を，透析液は外側を通るようになって

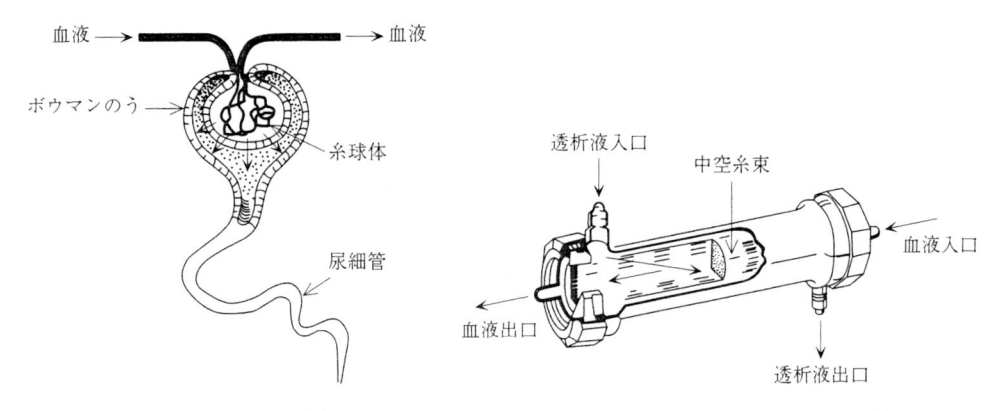

図 5-4　腎臓の働き[30]　　　　図 5-5　中空糸型透析器の基本構造[30]

いる（図 5-4，図 5-5）．

　膜の素材には，再生セルロース，酢酸セルロース，ポリメタクリル酸メチル，ポリスルホン，ポリアミドなどが用いられている．

2）気体分離膜

　低分子の気体成分も膜によって選択的に分離できる．
　気体分離に用いられる膜は，次のように大別できる．

気体分離膜
- 多孔性膜…ゼオライトなどの無機質膜
- 無孔性膜…高分子膜
  - ゴム状高分子…膜の透過速度は大きいが，分離係数が小さい．
  - ガラス状高分子…膜の透過速度は小さいが，分離係数が大きい．

　多孔性膜にはゼオライトなどの無機質膜が用いられる．無孔性膜には主として高分子膜が用いられ，これはゴム状高分子とガラス状高分子（非晶性高分子）に分けられる．

　ゴム状高分子膜は，分子運動が活発なため比較的大きな気体分子も透過できる．たとえば，空気中の酸素は，酸素富化膜と呼ばれる酸素の透過係数の大きいシリコーンゴム（ポリジメチルシロキサン）膜により濃縮できる．このようにして，燃焼補助用の酸素富化空気（O_2 約 30 %）や医療酸素（O_2 約 40 %）がつくられる．

　一方，ガラス転移温度（T_g）の高いガラス状高分子（非晶性高分子）は緻密な層をつくると，小さい分子だけを選択的に透過する．H_2 や He のような小さい分子の分離には酢酸セルロース，ポリイミドが用いられる．

ポリジメチルシロキサン

2-3 高分子凝集剤

水中に懸濁分散しているコロイド状の微粒子を凝集分離し，水を浄化する作用をもつ高分子を，高分子凝集剤という．コロイド粒子の多くは正または負に荷電しているので，カチオン性またはアニオン性の凝集剤がよく用いられる．また，中性の凝集剤もある．これらの分子量は数千から数百万に及ぶ．

2-3-1 カチオン性凝集剤

四級アンモニウム塩構造をもつ，ポリアクリルアミド系（単独または共重合体）からの誘導体がよく用いられる．

$$\left(\begin{array}{c} CH_2-CH- \\ | \\ CONH \\ | \\ CH_2-\overset{\oplus}{N}(CH_3)_3 \\ X^{\ominus} \end{array} \right)_n$$

カチオン性凝集剤によるコロイド粒子の凝集モデルを図5-6に示す．

2-3-2 アニオン性凝集剤

ポリアクリル酸のNa塩やスルホン酸のNa塩などが代表的な例である．

$$\left(\begin{array}{c} CH_2-CH- \\ | \\ COO^{\ominus} Na^{\oplus} \end{array} \right)_n \quad \text{ポリアクリル酸ナトリウム}$$

2-3-3 中性凝集剤

中性のアクリルアミドがそのまま用いられる．

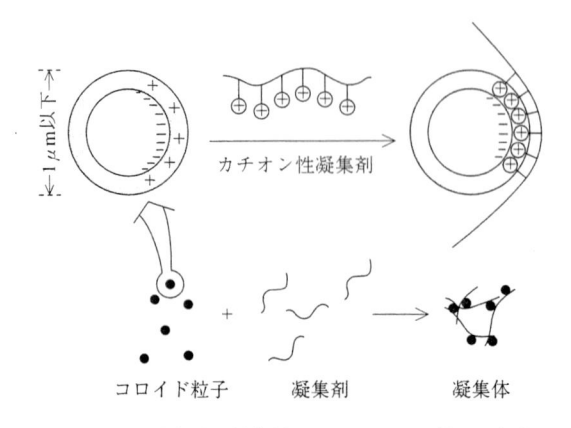

図5-6 カチオン性高分子凝集剤によるコロイド粒子の凝集モデル

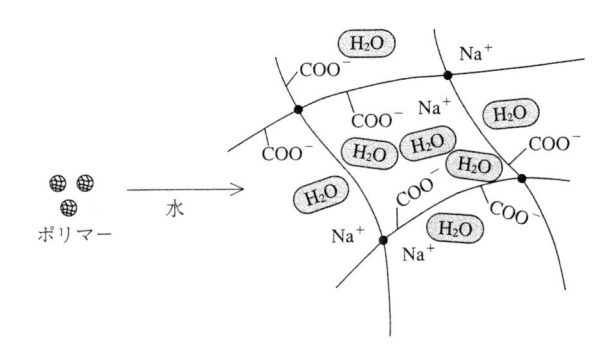

figure 5-7 吸収性高分子による吸水モデル

2-4 高吸水性高分子

水を短時間に吸収・膨潤してヒドロゲル状となる保水性の高い高分子を吸水性高分子という．吸水量は数百から数千倍を越すものまである（図 5-7）．

吸水性高分子は，デンプン，紙，合成高分子に親水性のモノマー（アクリル酸，ヒドロキシエチルメタクリレートなど）を共重合してつくられている．その用途は，紙おむつ，生理用品，農園芸材，土木建築材料，砂漠の緑化など広い分野にわたっている．

2-5 高分子触媒

酵素は精密に制御された生体高分子触媒であるが，使用条件に制約があり，繰り返し使用できず，しかも高価であるという欠点がある．そのため酵素のような触媒機能をもった合成高分子，すなわち高分子触媒が研究されている．しかし，その触媒能は天然の酵素にははるかに及ばない．高分子触媒の基本的な考え方は酵素のような活性部位，すなわち基質結合部位と触媒部位をもった高分子を構築しようとするものである．

たとえば，枝分かれポリエチレンイミン（PEI）に，イミダゾール基（触媒部位）と疎水性の高いラウリル基（基質結合部位）を導入した高分子触媒によるニトロカテコール硫酸エステルの加水分解の研究がある（図 5-8）．この触媒活性は低分子イミダゾールに比べて約 10^{12} 倍に達している（表 5-2）．

この他，金属イオンを合成高分子にキレートした**高分子金属錯体**の触媒作用についても多くの研究が行われている．

2-6 固定化酵素

固定化酵素は，高分子に酵素を担持し繰り返し使用できるようにしたものであり，

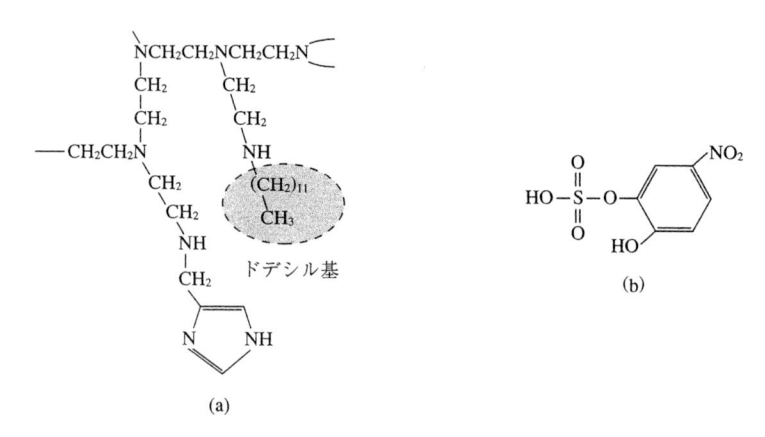

図 5-8 (a) 高分子触媒 (PEI) と (b) ニトロカテコール硫酸エステル[10]

表 5-2 ニトロカテコール硫酸エステルの加水分解[10]

	k (L/mol·s)
イミダゾール	5.0×10^{-12}
PEI-イミダゾール	18
酵素タイプⅡAスルファターゼ	0.24

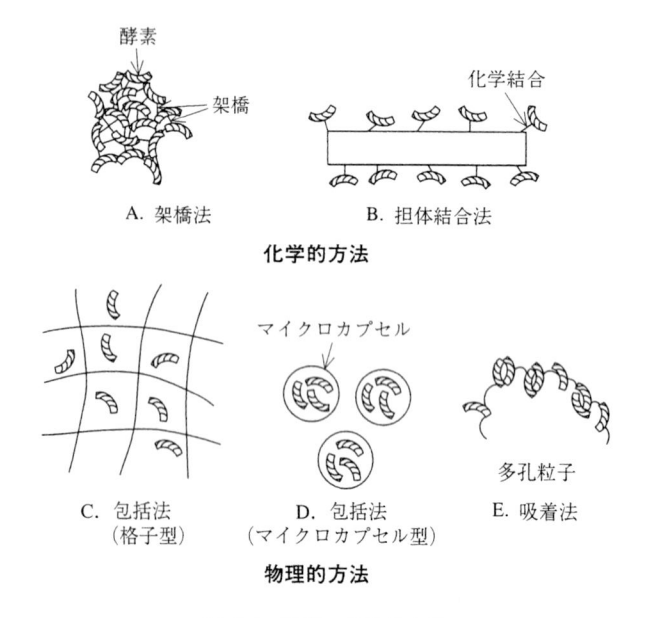

図 5-9 酵素の固定化方法

基本的には酵素の活性部位を残しておけば，酵素の機能は損なわれないことになる．すでにたくさんの研究があり，工業的にも広く使われている．

　酵素の固定化は，化学的方法（A：架橋法，B：担体結合法）と物理的方法（C：格

子型包括法，D：マイクロカプセル型包括法，E：吸着法）に大別できる（**図 5-9**）.

2-6-1 化学的固定化法

1）架橋法

酵素同士を架橋させて固定化する．二官能性のグルタルアルデヒドを酵素のアミノ基と反応させ，イミノ基 $-\mathrm{N}=\mathrm{CH}-$ により結合する（**図 5-10**）.

酵素の官能基と反応できる二官能性モノマーは利用できるが，酵素活性は低下しやすい．

2）担体結合法

担体として，セルロース，デキストラン（商品名セファデックス），アガロース（セファローズ）などの多糖類誘導体およびポリアクリルアミドゲル（バイオゲル）がよく使われる．結合には共有結合法とイオン結合法がある.

共有結合法 では次の例などがある．担体のジアゾニウム塩を酵素のイミダゾール基やフェノール基とカップリングさせる（**図 5-11**）.

担体のカルボキシメチルセルロースをカルボジイミドと反応させた後で，酵素のアミノ基とカップリングさせる（**図 5-12**）.

イオン結合法 では，ジエチルアミノエチル（DEAE）-セルロース，カルボキシメチルセルロースのようなセルロースイオン交換体をカラムに詰めて，酵素を流してイオン的に結合させる．操作が簡単であり，酵素活性は比較的に失われにくいが，酵素が遊離しやすいことがある.

この方法は広く工業化されている．たとえば，固定化されたグルコースイソメ

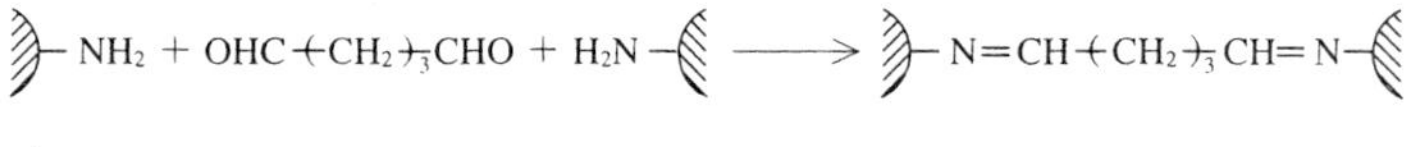

$$⟩-\mathrm{NH_2} + \mathrm{OHC}(\mathrm{CH_2})_3\mathrm{CHO} + \mathrm{H_2N}-⟨ \longrightarrow ⟩-\mathrm{N}=\mathrm{CH}(\mathrm{CH_2})_3\mathrm{CH}=\mathrm{N}-⟨$$

図 5-10 グルタルアルデヒドによる酵素の架橋化

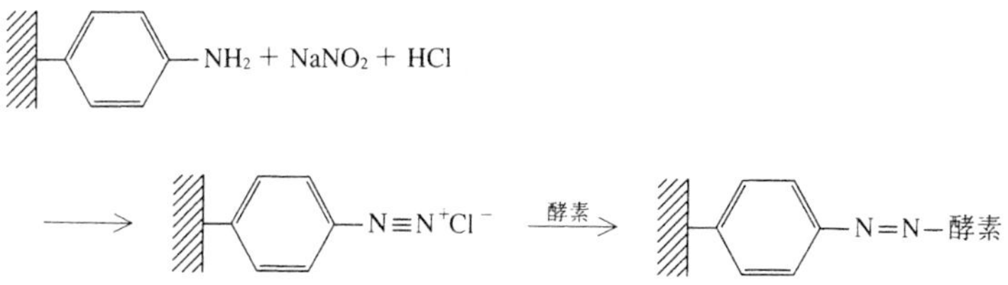

$$⟩-\mathrm{C_6H_4}-\mathrm{NH_2} + \mathrm{NaNO_2} + \mathrm{HCl}$$
$$\longrightarrow ⟩-\mathrm{C_6H_4}-\mathrm{N}\equiv\mathrm{N^+Cl^-} \xrightarrow{酵素} ⟩-\mathrm{C_6H_4}-\mathrm{N}=\mathrm{N}-酵素$$

図 5-11 ジアゾ法による酵素の固定化

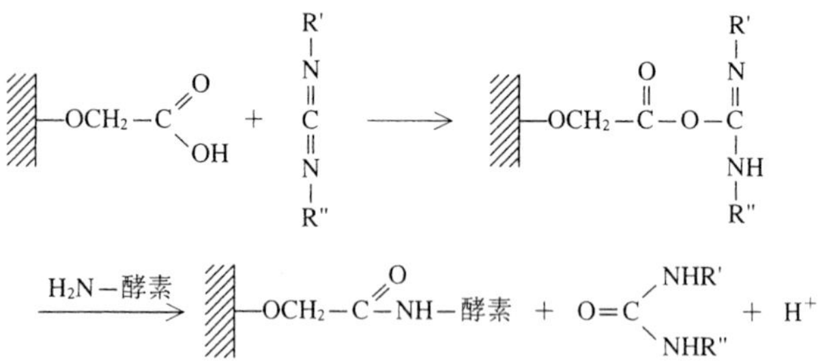

図 5-12　カルボジイミドを用いるカルボキシメチルセルロースへの酵素の固定化

ラーゼによって，デンプンから大量の果糖シロップがつくられている．また，DEAE-セファデックスに固定化されたアミノアシラーゼによって，化学合成されたアミノ酸（D, L 等量のラセミ体）から，食品として有用な L-アミノ酸が分割されている．

2-6-2　物理的固定化法

1）格子型包括法

酵素を水に不溶な三次元マトリックス中に閉じ込める方法である．最もよく使われるのは，アクリルアミド（AAm）モノマーと N,N'-メチレンビスアクリルアミド（MBAAm, 架橋剤）の重合で得られるポリアクリルアミドゲル中に酵素を固定したものである（図 5-13）．

この方法によって，アルコールデヒドロゲナーゼ，グルコースオキシダーゼ，トリプシンなど多くの酵素が固定化される．

2）マイクロカプセル型包括法

酵素を高分子膜で被いマイクロカプセル化するもので，その大きさは数 μm 〜 数百 μm である．マイクロカプセル化は，① 界面重縮合法（界面重合時に酵素を包む．第 3 章 3-1 参照），② 相分離法（ポリマー有機溶媒中に酵素の乳化溶液を乳化分散させておき，非溶媒を加え，沈着するポリマーにより酵素を包む），③ 液中乾燥法（ポリマーの有機溶液に，酵素水溶液を乳化剤により分散させ，次に酵素液滴を水溶液中に移して有機溶媒を乾燥除去する）によって行われている．

3）吸着法

酵素を小さな空孔のたくさんある多孔性ポリマー粒子に吸着させる方法である．この粒子は，スチレンやアクリル酸エステルなどのビニルモノマーと架橋剤を，モノマーは溶かすがポリマーは溶かさない溶媒を加えて水中で懸濁重合していくと，液滴中で相分離を生じてミクロゲルを生成し，それらが凝集することによって得ら

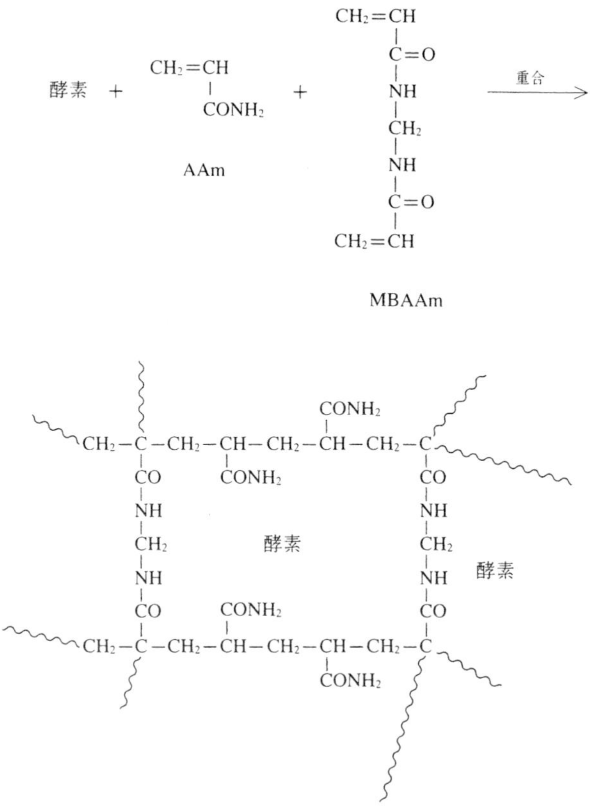

図 5-13 AAm/MBAAm 系共重合体による酵素の固定化

(a) 多孔性粒子　　(b) 切断面

図 5-14 多孔性粒子の電子顕微鏡写真(ジビニルベンゼン–グリシジルメタクリレート共重合体)

れる．粒子は製造方法によって異なるが，直径 0.1～1 mm，比表面積数十～数百 m^2/g，細孔容積 1 mL/g のものがある（図 5-14）．

2-6-3 固定化酵素の応用分野

固定化酵素は化学工業や食品工業への応用の他に，分析分野（アフィニティクロマトグラフなど），医用検査・診断（バイオセンサーによる臨床システム，免疫診断システムなど），医療分野（治療用マイクロカプセル，人工臓器，薬を徐々に放出するDDS（ドラッグデリバリーシステム）分野やバイオリアクターなど）への展開が期待されている．

3 物理的機能

3-1 導電性高分子

ほとんどの高分子は電気的に絶縁体であるが，電気を通す高分子，すなわち導電性高分子がさかんに研究されるようになった．

導電性の高分子の多くは半導体であり，共役系高分子や電荷移動型高分子などがある．

共役系高分子には，トランスポリアセチレン，ポリジアセチレン，ポリ-p-フェニレンなどがある．これらは合成されたままの状態では導電率は低い（約 10^{-5} S/cm）が，ハロゲンや五フッ化ヒ素（AsF_5）などの低分子（ドーパント）を添加する（ドープと呼ぶ）と導電率は高くなる（$10^2 \sim 10^3$ S/cm）（**表 5-3**）．

高分子および高分子-低分子ドープ系の導電性を無機化合物のそれと比較し，**図 5-15** に示す．

表 5-3　主な導電性高分子[49]

物質名	化学構造	ドーパント	導電率 (S/cm)
ポリアセチレン		五フッ化ヒ素 (AsF_5)	1200
ポリピロール		四フッ化ホウ素 (BF_4)	1000
ポリチオフェン		過塩素酸イオン (ClO_4^-)	100
ポリ-1,6-ヘプタジイン		ヨウ素 (I_2)	0.1
ポリ-p-フェニレン		五フッ化ヒ素	500
ポリフェニレンビニレン		五フッ化ヒ素	2800
銅	Cu	なし	10^6

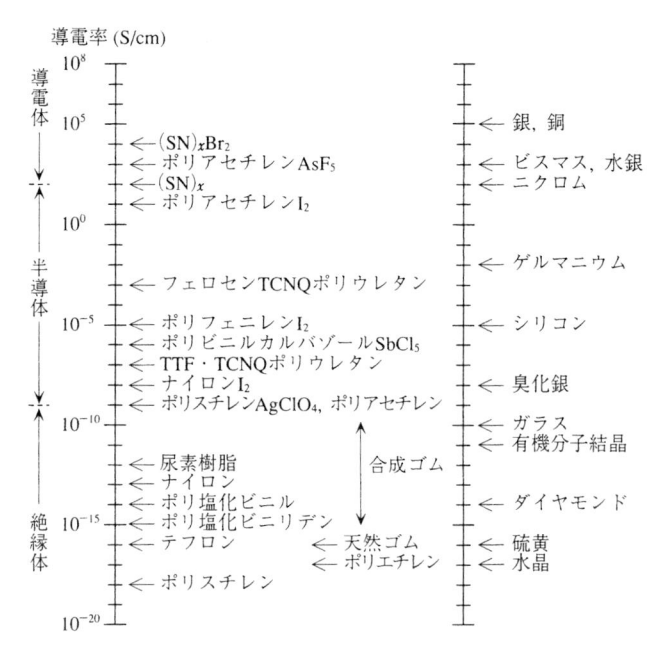

図 5-15 高分子および高分子-低分子ドープ系の導電性[14]

電荷移動錯体型高分子は，電子供与体Dと電子受容体Aからなっている．たとえば，ポリビニル-2-フェノチアジン（電子供与性）とジシアノジクロロ-p-キノン（電子受容性低分子化合物）の錯体がある．

ポリビニル-2-フェノチアジンと
ジシアノジクロロ-p-キノンの錯体

高分子イオンラジカル塩は，電荷移動錯体の電子1個が移動した状態に近い，D^+とA^-の形成されたものである．アニオンラジカルA^-には電子吸引性の強いテトラシアノキノジメタン（TCNQ）などがある．

TCNQ

高分子カチオンD^+はポリビニルピリジン，ポリエチレンイミンなどの四級化合物である．

イオンポリマー（ポリカチオン）と
TCNQの錯体

[TCNQ] / [TCNQ·⁻]

3-2 感光性樹脂（フォトレジスト）

　光によって橋かけ反応を起こし不溶化する高分子は感光性樹脂（フォトレジスト）として，印刷工業における製版材料，電子工業におけるプリント配線に利用されている．この原理を図 5-16 に示す．

　集積回路（IC）や大規模集積回路（LSI）をつくるためのリソグラフィー（lithography），つまり光などを利用した表面加工技術には，シリコン基板状に微細なパターンをつくる高解像力をもつフォトレジストが必要になる．このような樹脂として，光により重合するモノマーやオリゴマー，感光性基をもつ高分子などが用いられる．

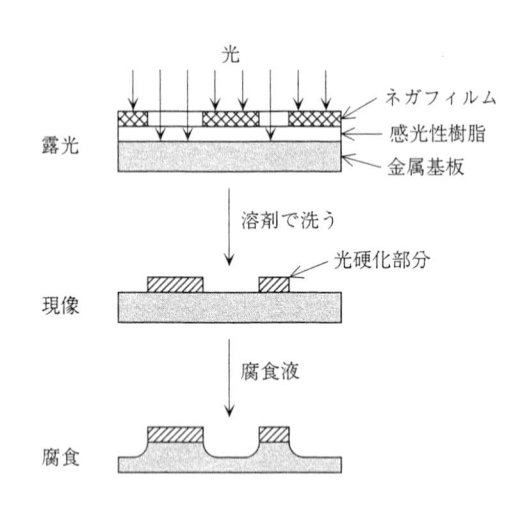

図 5-16 写真凸版製版法の原理[25]

　たとえば，ポリビニルベンザルアセトフェノンは次のように光硬化反応を起こす．

ポリビニルベンザルアセトフェノン

一方，光により分解する高分子を用いれば，露光部分が分解し洗い流されるのでポジ型のレジストが得られる．

なお，フォトレジストは光を用いるのでICやLSIの精密加工には限界がある．そのため，もっと短波長の200〜300 nm領域の紫外線（ディープUVという）や電子線を用いるリソグラフィーが開発され，解像力は著しく向上するようになった．

3-3 情報記録・伝達材料

セルロースを主成分とする紙は，重要な情報記録材料であることには変わりないが，レコード盤，磁気テープに続いて，ポリカーボネートなどを素材とするCDやDVDが急速に利用されている．

3-3-1 光ファイバー

情報伝達材料の代表は，図5-17に示したような光ファイバーである．これは**コア（芯）** と**クラッド（さや）** の同心二層からなり，内側のコアで光を搬送し，外側のクラッドでコアの中の光を全反射する構造になっている．コアとクラッドの屈折率の差は1％以下であり，典型的例の屈折率は，コアが1.47，クラッドが1.46である．さらにクラッドの外周をポリマーでコーティングし，衝撃から保護している．

光は2つの透明体の境界面で完全反射を繰り返しながら伝達される．このコアには透明性のよい高純度のメタクリル酸メチル（PMMA）などが，またクラッドには特殊なフッ素樹脂が使われている．

3-4 情報の映像化

テレビ，パソコン，携帯電話などには欠かせない情報の映像化材料（ディスプレイ）として，液晶ポリマー（第6章3-6参照）や有機ELが発展してきた．

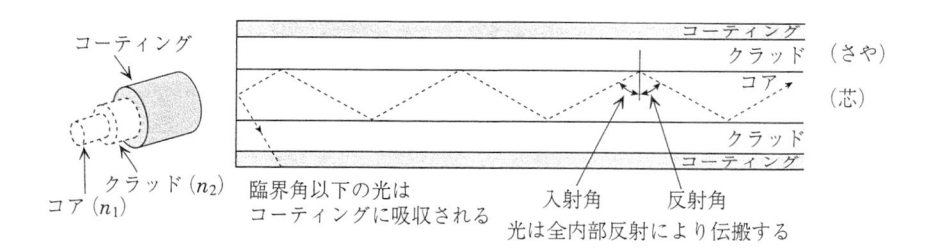

ϕ（μm），コア（芯）：8〜100
　　　　　クラッド（さや）：125〜140
　　　　　人毛：約100
屈折率　$n_1 > n_2$

図 5-17 光ファイバーの構造[44]

有機 EL (electroluminescence, エレクトルミネッセンス) は，有機物中に注入された電子と正孔の再結合によって生じた励起子（エキシトン）によって発光する現象をいい，その素子構造は図 5-18 のようになっている．

陰極（カソード）と陽極（アノード）に電圧をかけ，電子と正孔がキャリア輸送層に注入されると，それぞれ輸送層を通過し，発光層で結合して励起子（エキシトン）を生じる．キャリア輸送層は，陰極からの電子と陽極からの正孔が発光層で効率よく再結合するように設けた層である．一般に陽極には，光を取り出すために ITO (indium-tin oxide：インジウム-スズ酸化物) の透明電極が用いられる．基板にはポリエチレンテレフタレート (PET) やポリエチレンナフタレート (PEN) のような柔軟性に富むポリマーが用いられる．

有機 EL は，液晶やプラズマに続く薄型ディスプレイとして脚光を浴び，問題になっていた耐久性も改善され，10 時間以上の素子寿命が得られるようになり，実用段階に入り始めた．

3-5 機能性複合材料（ナノコンポジット，ナノハイブリッド）

複合材料とは「性質の異なる2種類以上の材料をいろいろな方法で1つの成型品にまとめあげ，新しい性質をもつようにした材料」のことをいう．一般に，プラスチックのようなマトリックスと，ガラス・金属・炭素などの粒子や繊維のような充填材または強化材からつくられる．

機能性複合材料は，導電性や磁気特性などの機能をもった充填材をマトリックス

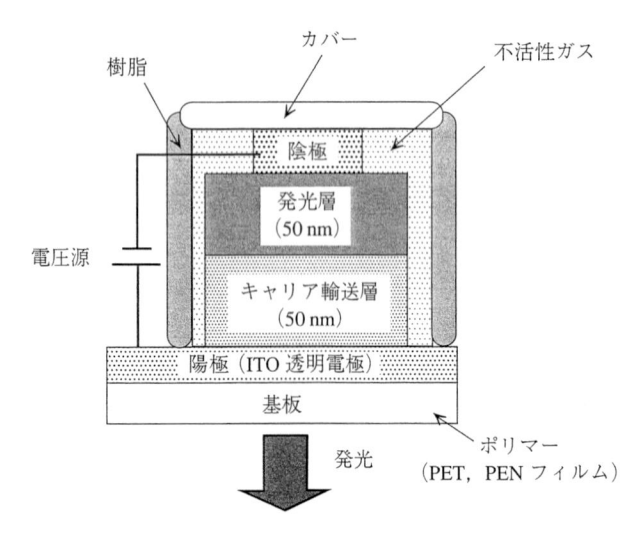

図 5-18 有機 EL 素子の素子構造の例[36]
大森 裕『高分子材料と複合材製品の耐久性』（大澤善次郎 監修）
（シーエムシー出版，2005）より．

と複合した材料である．たとえば，高分子マトリックス中に導電性の金属やカーボンブラックの粉末あるいは繊維を分散させた導電性複合材料がある．これらは導電性ゴム，導電性塗料，スイッチ素子（電卓用スイッチ，温度スイッチ）などとして用いられる．磁性材料と複合化したものに磁気テープやプラスチック磁石などがある．圧電性特性をもつジルコン酸鉛やチタン酸鉛を複合化した圧電性素子は，マイクロホンやスピーカーなどに利用される．この他，電磁波遮蔽（シールド）材など種々の機能性複合材料が開発されている．

これに関連して，高分子材料に種々の機能材料を担持した**ナノハイブリッド材料**の研究開発がさかんに行われている．

4 医療・医用機能（生体代替機能）

われわれの体は約60兆個の細胞から成り立っており，それらの細胞は一定の秩序で集合して組織，器官および臓器をそれぞれ形成している．このような生体の一部が損なわれると，生体の機能や生命の維持に支障をきたす．そのため，それらの機能に代わる材料，すなわち医療用材料が必要になってくる．

医療用材料は生体に直接触れるため，**生体適合性**のよいものでなければならない．そのうえ，血液には，血管が損傷したり，異物に触れたりすると血栓を形成する性質があるので，医療用材料は血栓をつくらない性質，すなわち**抗血栓性**を備えていなければならない．

医療用材料の開発研究は近年急速に進み，すでに高分子材料が広く利用されている．注射器，血液バッグ，点滴用の器具，各種の手術用品なども，広い意味では医療用材料の範疇に入るが，ここでは省略し，主な例を紹介する．

4-1 コンタクトレンズ

コンタクトレンズは光の透過性に優れていることはもちろんのこと，生体適合性がよく，しかも空気（酸素）を容易に通す材料でなければならない．普及しているコンタクトレンズは軟質のヒドロゲルタイプで，次のようなモノマーなどの共重合体である．

$$\begin{array}{ccc}
\text{CH}_3 & \text{CH}_3 & \text{CH}_2=\text{CH} \\
| & | & | \\
\text{CH}_2=\text{C} & \text{CH}_2=\text{C} & \text{N} \\
| & | & / \ \backslash \\
\text{C}=\text{O} & \text{C}=\text{O} & \text{H}_2\text{C} \quad \text{C}=\text{O} \\
| & | & | \quad\quad | \\
\text{OCH}_3 & \text{OCH}_2\text{CH}_2\text{OH} & \text{H}_2\text{C}\text{—}\text{CH}_2
\end{array}$$

メタクリル酸メチル　　　2-ヒドロキシエチル　　　ビニルピロリドン
（MMA）　　　　　　メタクリレート（HEMA）　　　（VP）

4-2 手術用縫合糸

手術用縫合糸には，天然高分子（絹，コラーゲン，セルロース，腸線など）や合成高分子（ナイロン，テフロンなど）が用いられていたが，これらは治癒後抜糸しなければならない．最近，縫合手術後体内で分解・吸収され，抜糸を必要としない生分解性高分子（ポリエステルなど）が開発された．

4-3 眼内レンズ

眼内レンズは白濁した水晶体の代替レンズとして開発が進んでおり，患者への適用率はアメリカではすでに 95 %，日本では 20～30 % に達しているといわれている．眼内レンズの光学部は，大部分がポリメタクリル酸メチル（PMMA），ループ部分はポリプロピレンが主体で，他にナイロン，ポリフッ化ビニリデンなどが使用されている（図 5-19）．

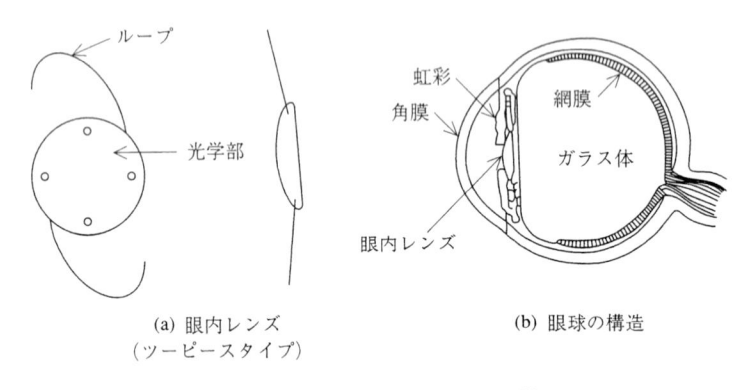

図 5-19 眼球の構造と眼内レンズ[30]

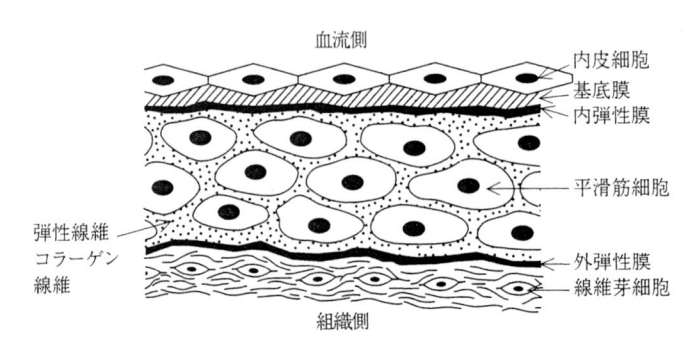

図 5-20 血管壁の構造モデル[30]

4-4 人工臓器

生体組織は，図 5-20 に示した血管の血管壁にみられるようにきわめて複雑な構造からなっている．

人工血管の構築を例にとってみると，次のような工夫が行われている．

① 高分子ヒドロゲル層：吸水性のヒドロキシエチルメタクリレートやアクリルアミドなど架橋ポリマーおよび共重合体が用いられる．

② ミクロドメイン構造：ミクロドメインの性質と大きさが血小板の活性化を支配するため，親水性と疎水性の 2 つのモノマーからなるブロックコポリマーや IPN (interpenetrating polymer network：相互侵入高分子網目構造) について研究されており，数 nm の異相ドメイン構造がよいとされている．

③ 生理活性物質の固定化および徐放：アルブミン（血小板粘着阻害剤），ヘパリン[*1]（内因系凝固因子活性化阻害剤），ウロキナーゼ（線溶系因子活性化促進剤）などの生理活性物質を a) 表面に物理的に吸着，b) 化学結合で固定化，c) 材料に内蔵して表面から徐放することが行われている．

④ ハイブリッド型人工血管：血栓をつくらず，半永久的に使用できる人工血管は未だつくられていない．

　一方，古くから実用化されている埋め込み型人工血管は，ポリエステルやテトラフロロエチレンの繊維を筒状に編んだものである．これを体内に埋め込むと，最初その表面に凝固による薄い血栓層が形成されるが，それが大きな血栓に成長する前に自己の内皮細胞が付着して血管内壁と類似の層を形成する．しかし，実用に供されているのは血流量の多い動脈系の径 4 mm 以上の大口径のものに限られている．

人工血管にみられるように，医療材料の構築には，生化学，生理学，高分子科学など広い知識を必要とする．人工腎臓，人工肺，人工心臓，人工肝臓，人工血液（酸素運搬）などの研究も進み，既に実用化され人命を救っている例もたくさんある．

なお，生体代替材料の開発に関連して，医学分野では幹細胞[*2]による再生医療に目覚ましい進歩がみられている．これらの詳細は専門書を参照されたい．

[*1] ヘパリンは生体がつくり出す酸性ムコ多糖の一種で，抗血栓材の 1 つとして古くから知られている．
[*2] 生体を構成する細胞の生理的な増殖・分化などの過程において，自己増殖と特定の機能を持つ細胞に分化する能力とをあわせ有する細胞．血球，粘膜上皮・表皮などで細胞が枯渇しないのは幹細胞の存在による（『広辞苑』（岩波書店））．

第6章

高分子固体の構造

　高分子の性質は，1本の高分子鎖を構成する単量体（モノマー）の化学構造，分子量とその分布，分岐構造，立体配置，立体配座，およびその集合体の形態にかかわる結晶構造，結晶化度，結晶の大きさなどの因子によってきまる．本章ではこれらの基本的な課題である高分子固体の構造解析方法，高分子の結晶構造および形態について学ぶ．

1　高分子の構造解析

　高分子固体の構造解析にはいろいろな分析方法が用いられている．代表的な分析方法と主な対象を表6-1に示す．

1-1　赤外分光分析

　赤外分光分析（infrared spectroscopy：IR）は高分子の化学構造の解析によく用いられている手法であり，顕微赤外分光法の普及により微細部（約 $10 \sim 20\ \mu m$）の分析が可能になった．

1-1-1　光の波長とエネルギー

　光のエネルギーは波長および振動数と次式のような関係にある．

表6-1　高分子の主な分析方法とその対象

分析方法	対　　象
赤外分光分析（核磁気共鳴）*	化学構造（基本構造，官能基，分岐，橋かけ），立体配置（立体規則性），立体配座など，その他結晶性の定性
X 線 回 折	結晶構造，結晶化度，配向度など
熱　分　析	ガラス転移温度，融点，融解熱，熱安定性など
電 子 顕 微 鏡	表面状態や微細構造など

＊　よりくわしく定量的に解析ができる．この他，紫外・可視分光分析，密度測定，化学的方法など，目的に応じて種々の分析手法が用いられる．

$$E = h\nu$$
$$= \frac{hc}{\lambda} \tag{1}$$

ここで,Eはエネルギー (erg),hはプランク定数 (6.626×10^{-27} erg·s),νは光の振動数 (s^{-1}),λは光の波長 (Å または nm),cは光の速度 (2.998×10^{10} cm/s) を表す.

実用的には 1 mol の分子が吸収する N 個(N はアボガドロ数,6.022×10^{23})の光量子のエネルギーを 1 einstein で表し(式 (2)),これを kJ,kcal または eV 単位で示すと,それぞれ式 (3),(4),(5) のようになる.

$$1 \text{ einstein} = Nh\nu = \frac{Nhc}{\lambda} \tag{2}$$

$$= 6.022 \times 10^{23} \text{ mol}^{-1} \times 6.626 \times 10^{-27} \text{ erg·s}$$

$$\times 2.998 \times 10^{10} \times 10^{7} \text{ nm/s} \times \frac{1}{\lambda \text{ nm}}$$

$$= 1.196 \times 10^{15} (\text{erg/mol}) \text{nm} \times \frac{1}{\lambda \text{ nm}}$$

$$= 1.196 \times 10^{8} \text{ J/mol} \times \frac{1}{\lambda} \quad (\because \ 1 \text{ J} = 10^{7} \text{ erg})$$

$$= 1.196 \times 10^{5} \text{ kJ/mol} \times \frac{1}{\lambda} \tag{3}$$

$$= \frac{2.860 \times 10^{4}}{\lambda} \text{ kcal/mol} \quad (\because \ 1 \text{ cal} = 4.184 \text{ J}) \tag{4}$$

$$= \frac{1.240 \times 10^{3}}{\lambda} \text{ eV/mol} \quad (\because \ 1 \text{ eV} = 23.06 \text{ kcal}) \tag{5}$$

種々の電磁波の名称,波長領域,振動数,エネルギーおよび励起のタイプを図 6-1 に示す.

赤外線領域(波長約 2.5～25 μm,波数約 4000～400 cm^{-1})のエネルギーは,分

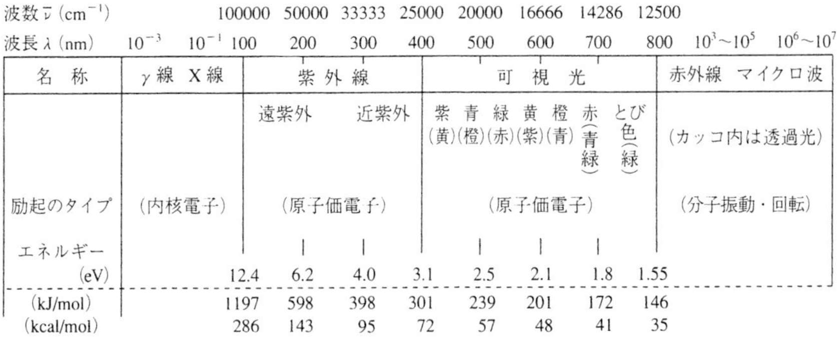

図 6-1 種々の電磁波の名称,エネルギーなどの関係[33]

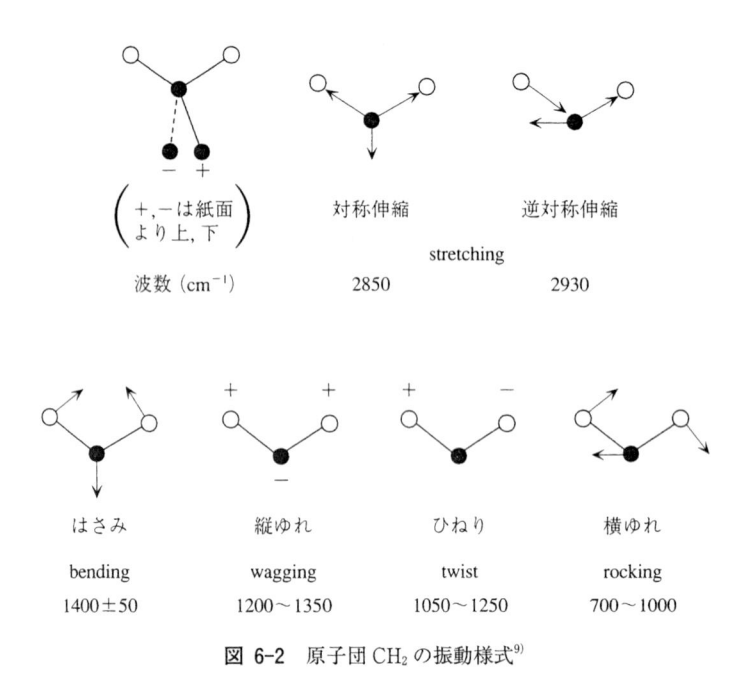

	対称伸縮	逆対称伸縮
	stretching	
波数 (cm^{-1})	2850	2930

(+, − は紙面より上, 下)

はさみ	縦ゆれ	ひねり	横ゆれ
bending	wagging	twist	rocking
1400±50	1200〜1350	1050〜1250	700〜1000

図 6-2 原子団 CH$_2$ の振動様式[9]

子を構成している原子および原子団の振動に対応している．

1-1-2 分子の振動エネルギー

分子は内部エネルギーをもっているため，常温でも分子の各部分は回転や振動をしており，原子間の結合距離や角度は常に変わっている (図6-2)．

光が物質を通過すると，分子はあるきまった波長の光に共鳴してこれを吸収し，別の高い準位に遷移する．この分子の振動エネルギー，すなわち振動の波数 $\bar{\nu}$ は次式のように原子または原子団の結合力（力の定数 f）に比例し，換算質量 μ に反比例する．

$$\bar{\nu} = \frac{1}{2\pi c}\sqrt{\frac{f}{\mu}} \tag{6}$$

ここで，$\bar{\nu}$ は振動の波数 (cm^{-1})，f は力の定数 (dyn/cm)，μ は $\frac{m_1 m_2}{m_1 + m_2}$ または $\frac{1}{\mu} = \frac{1}{m_1} + \frac{1}{m_2}$ (m_1, m_2：原子 m_1, m_2 の質量)，c は光の速度 (2.998×10^{10} cm/s) を表す．

それゆえ，結合力の強い原子の吸収は波数の大きい領域（短波長），質量の大きい原子の吸収は波数の小さい領域（長波長）に現れる (図6-3)．

1-1-3 高分子の赤外吸収スペクトル

高分子によくみられる種々の官能基の特性吸収帯を図6-3に示す．高分子の赤外

1 高分子の構造解析　141

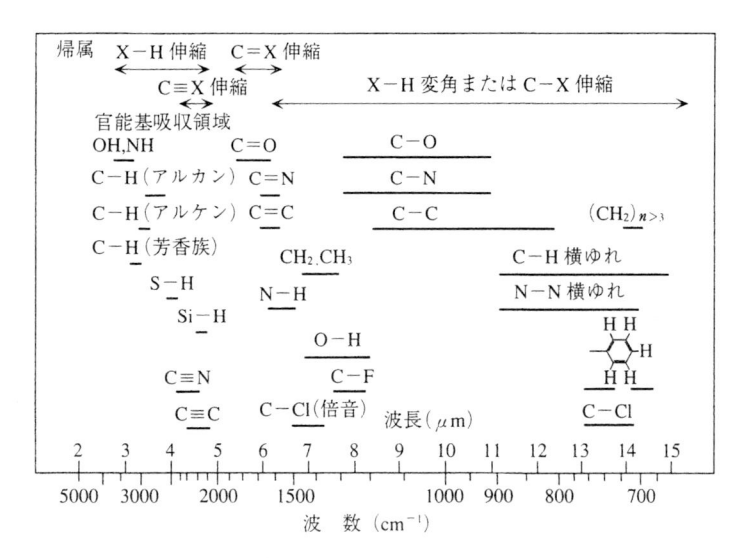

図 6-3 高分子によく現れる赤外線特性吸収帯[33),45)]

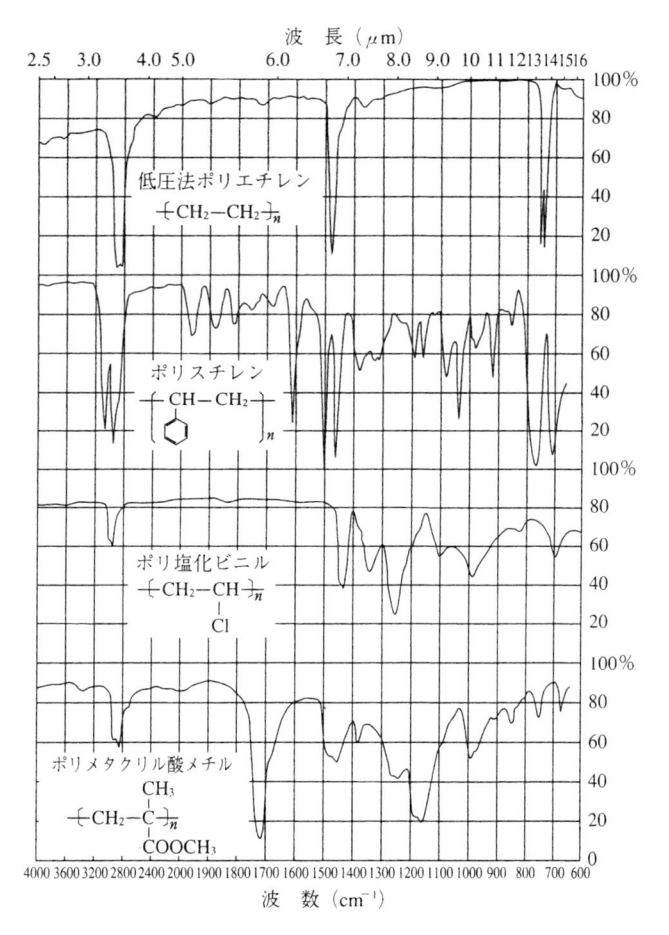

図 6-4 代表的な高分子の赤外吸収スペクトル[33),45)]

吸収スペクトルの代表例を図 6-4 に示す.

この他，赤外吸収スペクトルを解析することにより，第 4 章 4 節「高分子の分解反応」で述べた高分子の反応の様子を追跡することもできる.

1-2　X 線回折法

高分子鎖はいろいろな形態をとりながら凝集し，結晶領域と非晶領域を構成する. X 線回折法により，高分子固体中の結晶の形，大きさ，結晶の割合（結晶化度），配向度，さらには単位格子の寸法と角度，構成原子の位置などを研究することができる.

1-2-1　X 線回折の原理

X 線が特定の方向から結晶中に入射すると，結晶を構成している原子から同じ波長の X 線が散乱される. この散乱された X 線が干渉し合って回折図を与えるため，結晶構造が解析できる.

図 6-5 のように波長 λ の X 線が特定の入射角 θ で結晶中に入射し，各格子面で反射された X 線の位相が一致すると，非常に強い回折 X 線波になる.

このような結晶による X 線回折はブラッグの条件式 (7) で表される.

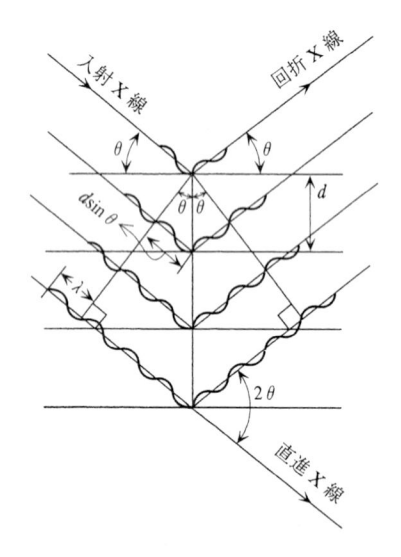

図 6-5　ブラッグの回折条件[11]

$$2d \sin \theta = n\lambda \tag{7}$$

ここで，d は結晶の平行面間隔，θ は入射角（反射角），λ は X 線の波長（銅の K_α 線，波長 1.542 Å がよく使われる），n は反射次数（0, 1, 2, …）を表す.

1-2-2　結晶系と格子定数

結晶は三次元周期構造をもち，その最小単位の平行六面体を単位格子という. 単位格子の形と大きさを表す軸長 a, b, c と軸角 α, β, γ を格子定数という. 結晶系と格子定数の関係を表 6-2 に示す.

表 6-2 結晶系と格子定数

結晶系	軸長	軸角
三斜	$a \neq b \neq c$	$\alpha \neq \beta \neq \gamma$
単斜	$a \neq b \neq c$	$\alpha = \beta = 90°, \gamma \neq 90°$ *
斜方	$a \neq b \neq c$	$\alpha = \beta = \gamma = 90°$
正方	$a = b \neq c$	$\alpha = \beta = \gamma = 90°$
三方	$a = b \neq c$	$\alpha = \beta = \gamma \neq 90° < 120°$
六方	$a = b \neq c$	$\alpha = \beta = 90°, \gamma = 120°$
立方	$a = b = c$	$\alpha = \beta = \gamma = 90°$

* $\alpha = \gamma = 90°, \beta \neq 90°$ のような軸を選ぶ場合もある．

1-2-3 高分子のX線回折

結晶性高分子は，無数の結晶部分（微結晶：crystallite）がランダムにいろいろの方向に向かっているが，延伸などの処理により配向する（図 6-6）．

高分子中にある無数の微結晶部分は，単結晶がランダムにあらゆる方向を向いていると考えられるので，回折X線は角度 2θ の円錐状に放射され，多層のリング状の回折像を与える．これを デバイ-シェラー（Debye-Scherrer）環という（図 6-7 (b)）．

配向試料では1つの結晶軸（c軸）が，一方向に平行になるように微結晶が並び，他の2つの軸（a, b軸）がランダムに向いているので，層線上の特定の所に斑点が観察される，いわゆる繊維図形（fiber diagram）が得られる（図 6-7 (c) および図 6-8）．

なお，図 6-8 の x 軸（図 6-7 では水平方向）は赤道線と呼ばれ，試料の引張り方向に対して垂直方向の規則性が現れる．y 軸（同じく垂直方向）は子午線と呼ばれ，引張り方向（繊維軸）の規則性が現れる．

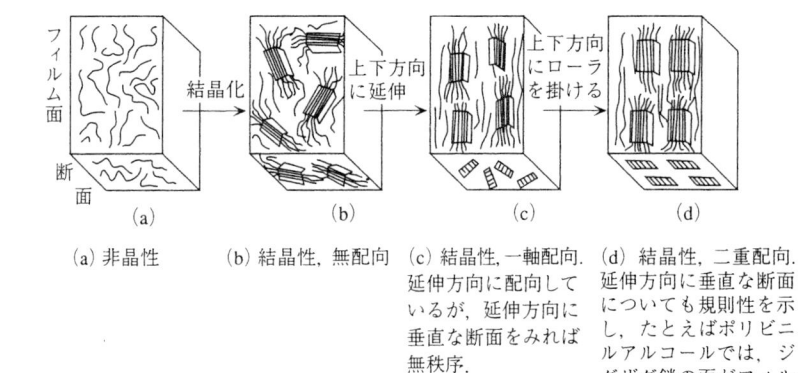

(a) 非晶性　(b) 結晶性，無配向　(c) 結晶性，一軸配向．延伸方向に配向しているが，延伸方向に垂直な断面をみれば無秩序．　(d) 結晶性，二重配向．延伸方向に垂直な断面についても規則性を示し，たとえばポリビニルアルコールでは，ジグザグ鎖の面がフィルム面に平行．

図 6-6 高分子の微細構造のモデル[9]

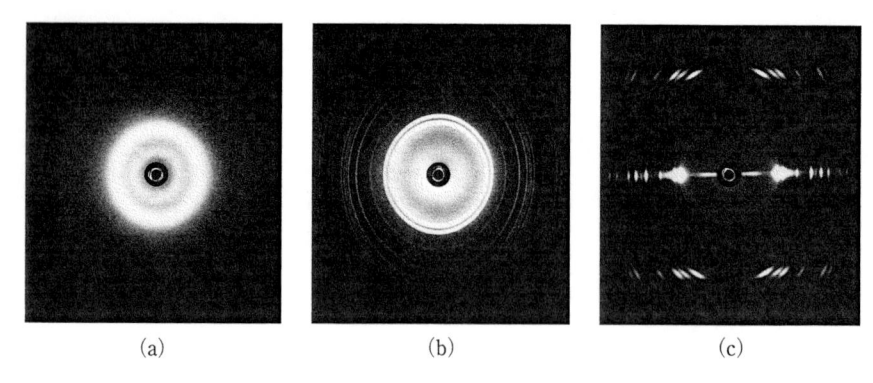

図 6-7 高分子のX線回折写真（平板カメラ）[小林正道氏の厚意による]
(a) 非晶性（アタクチックポリスチレン），(b) 結晶性・無配向（ポリエチレン），(c) 結晶性・配向（ポリエチレン）

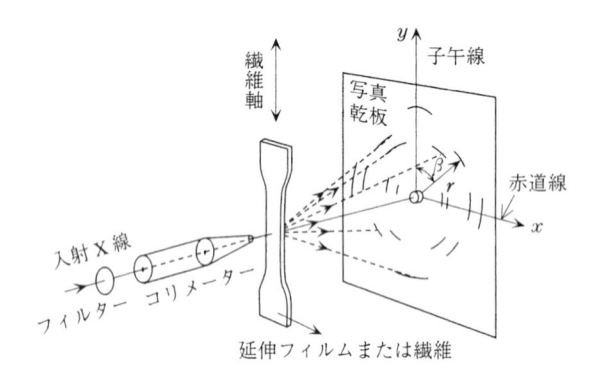

図 6-8 高分子固体（繊維，フィルム）からのX線回折[18]
（写真乾板上に試料の回折像ができるが，繊維軸と平行方向を子午線方向，それと垂直な方向を赤道線方向という．また図中の β は方位角と呼ばれる）

1-3 熱分析

熱分析（thermal analysis）により高分子の熱的性質を比較的容易に知ることができる．また，最近の熱分解機器は，数 mg 程度の少量で，熱重量分析（thermogravimetry：TG）と示差熱分析（differential thermal analysis：DTA），または示差走査熱量測定（differential scanning calorimetry：DSC，試料と基準物質の熱量差を測定・増幅する）が同時にできるようになっている（図 6-9）．

1-3-1 熱重量分析

高分子の TG 曲線の代表的な例を図 6-10 に示す．この TG 曲線から，① 重量減少開始温度（または重量半減温度），② 重量減少速度の最大温度，③ 残留重量など

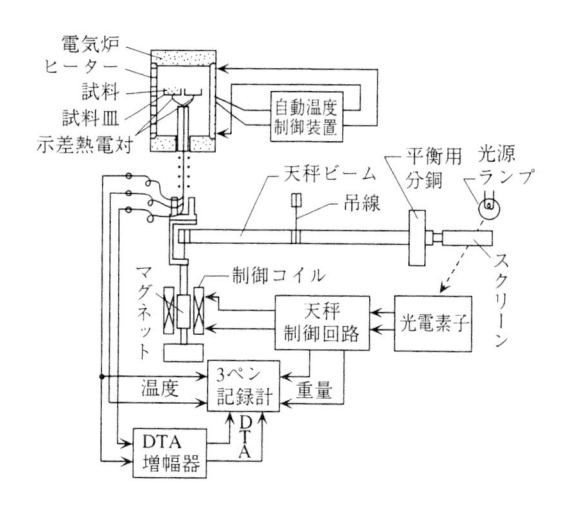

図 6-9 示差熱天秤（TG-DTA）の原理[22]

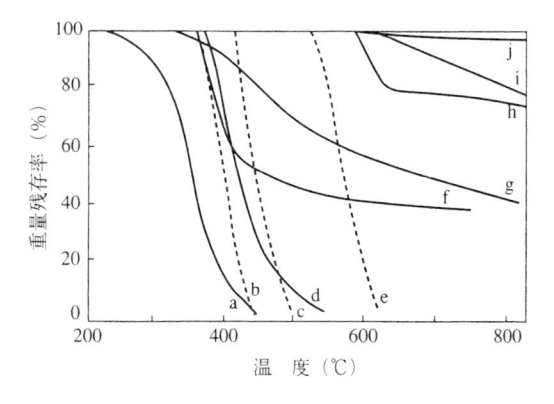

図 6-10 各種高分子の熱重量分析（TG）[14]
a：不飽和ポリエステル，b：ポリスチレン
c：ポリエチレン，d：ビスフェノール A 型エポキシ
e：ポリテトラフルオロエチレン，f：エポキシノボラック
g：フェノール樹脂，h：ポリピロメリットイミド
i：ポリベンズイミダゾール，j：炭素繊維

が求まり，高分子の熱安定性を比較することができる．

また，定温 TG 曲線には，ごく初期の熱酸化に基づく重量増加が認められる．これを解析することによって，高分子の耐熱酸化性や添加剤の効果を評価することもできる．

1-3-2 示差熱分析

示差熱分析により高分子の転移温度，すなわちガラス転移温度 T_g，融点 T_m，分解温度 T_d，酸化温度を求めることができる．また，これらの転移に伴う熱量や再結

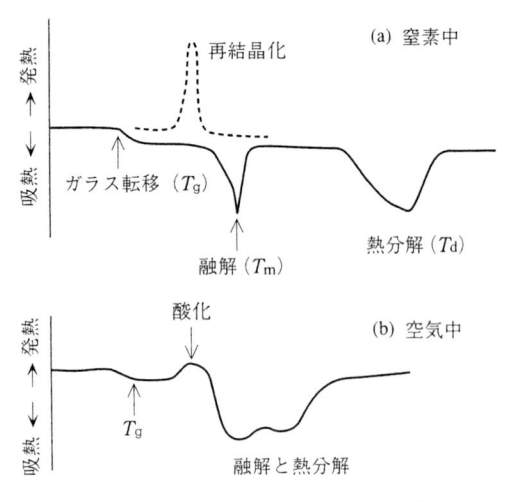

図 6-11 高分子の示差熱分析曲線[22]

晶化の様子を解析することができる（図 6-11）．

この他，高分子の構造解析に種々の分析機器が利用されている．個々については成書を参照されたい．

2 高分子の結晶構造

2-1 結晶中の高分子鎖の形態

高分子鎖の形態は立体配置（configuration）と立体配座（conformation）によってきまる．しかし，立体配置は高分子の生成過程できまってしまうため，結晶中の高分子鎖の形態は環境によって変わる立体配座によりきまることになる．高分子鎖がいろいろな立体配座をとれるのは，内部回転のできる共有結合をもっているためであり，この内部回転エネルギーが最小になる回転角をもつ構造が安定な立体配座となる．

内部回転角とそのエネルギーの関係をポリエチレンの骨格を例にとると，トランス $(t)(\phi_n = 0°)$ のときが最も安定である．その状態のエネルギーをゼロとすると，トランス位置より $±120°$ 回転したゴーシュ形 (g^+, g^-) は次に安定であり，また $±180°$ するとシス形となり，そのときのポテンシャルエネルギーはそれぞれ 0.8 kcal/mol と 3.5 kcal/mol となる（図 6-12 および図 6-13）．

高分子鎖はこのようなトランス，ゴーシュの配列の組み合わせによっていろいろな形態をとっている．このように規則正しい立体配座をとった高分子鎖が整然と充

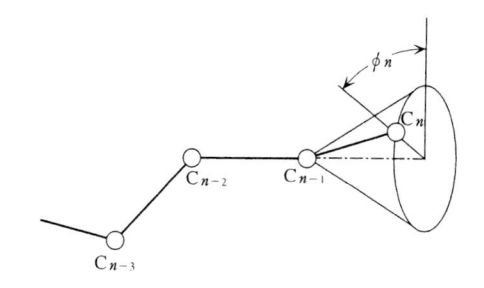

図 6-12 ポリエチレンの骨格炭素と内部回転角 ϕ_n [11]

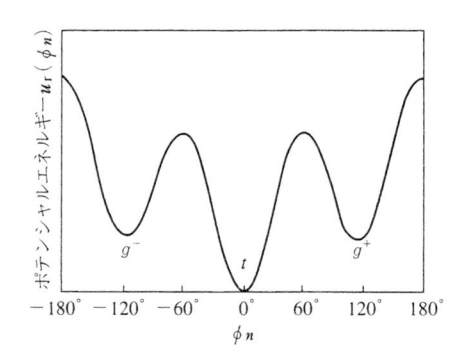

図 6-13 ϕ_n を変化させたときのエネルギーの変化 [11]

填され,結晶格子をつくり,高分子の結晶が構築されている.

2-2 高分子の結晶構造

高分子の結晶構造の代表例としてポリエチレンの結晶構造を図6-14に,その結晶学的データを表6-3にそれぞれ示す.

2-3 結晶化度

固体高分子中の結晶部分の全体に対する割合(重量分率)を結晶化度(degree of crystallinity)という.

$$結晶化度 = \frac{結晶部分の重量}{高分子全体の重量}$$

結晶化度は高分子の構造のみならず,試料の調製条件(外力,冷却速度,温度,時間など)によって変化する.

結晶化度は,① X線回折法,② 密度測定,③ 赤外吸収法(結晶性バンドまたは非晶性バンドの強度),④ 核磁気共鳴法(広幅法,吸収の微分曲線),⑤ 融解熱測定 などによって求められる.

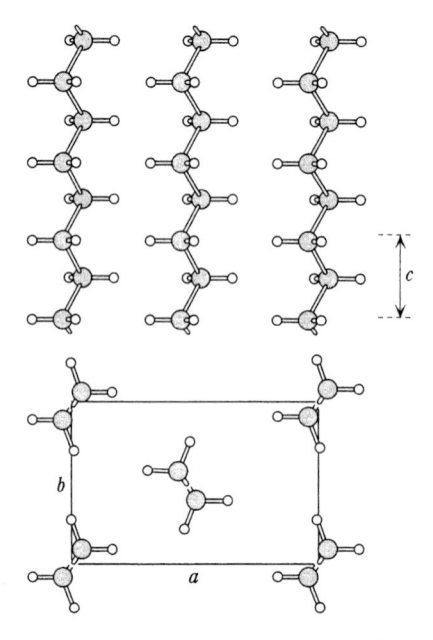

図 6-14 ポリエチレンの結晶構造[11]
◯：炭素，○：水素，$a = 7.40$ Å，
$b = 4.93$ Å，$c = 2.53$ Å

表 6-3 ポリエチレンの結晶学的データ

結　晶　系	斜方晶
空　間　群	D_{2h}-$Pnam$
格　子　定　数	$a = 7.40$ Å，$b = 4.93$ Å，c（繊維軸）$= 2.534$ Å
単位格子内の CH_2 基数	$Z = 4$
炭素原子の分率座標	$x = 0.038$，$y = 0.065$，$z = 0.250$
結晶密度（計算値）	$d_{cr} = 1.01$ g/cm^3

なお，高分子には準結晶的な部分があり，結晶化度の値は測定方法によって多少異なることがある．

3　高分子の形態

3-1　高分子鎖の凝集様式

固体高分子は多様な立体配座をとる分子鎖の集合体からなっているため，きわめて複雑な形態をとっている．一般に高分子鎖が無秩序になっている非晶部分（非晶領域）と規則正しく配列した小さな結晶性部分*（微結晶：crystallite）（結晶領域）

---

* 明瞭に区別されず，中間の擬結晶部分（準結晶：paracrystal）がある．

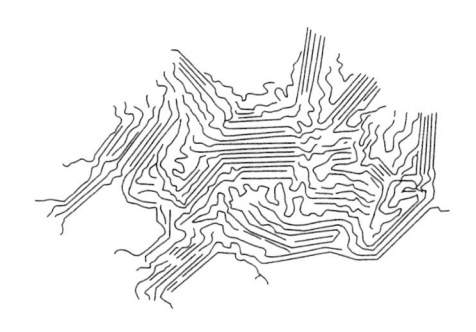

図 6-15 房状ミセル構造[17]

の存在が知られている.

両者の存在する割合は個々の高分子によって異なるが，ゴム系高分子はほぼ完全に非晶領域からなっており，繊維系高分子は配向された結晶領域が多く，プラスチック系高分子はその中間と考えられる.

3-2 高分子の房状ミセル構造

房状ミセル構造 (fringed micelle) は高分子鎖の集合体の形態として提案された.これは，高分子鎖をまっすぐに延ばした長さは約 5000 Å であり，(微) 結晶の大きさ (約数十〜 300 Å) に比べて非常に長いので，1 本の分子鎖は数個の結晶部分と非晶部分を交互に貫通しているとの考えに基づいたものである (図 6-15). この考え方は，その後 単結晶 (板状晶)，球晶構造の提案によって支持されなくなった. しかし，板状晶間をつなぐ複数の分子鎖の存在が指摘され，再び房状ミセル構造の考えが復活している.

3-3 高分子の単結晶

高分子の単結晶 (single crystal) はケラー (Keller) によって 1950 年代後半に発見され，固体高分子の形態に対する考え方に一石を投じた. ポリエチレンのキシレン希薄溶液 (0.01 〜 0.03 %) を約 140 ℃ でつくり，これを 80 ℃ 前後の温度に数日間放置して徐冷すると，かすかに白濁した霞のような沈澱が得られる. これをメッシュの上にとり電子顕微鏡で観察すると，1 辺約数 μm, 厚さ 100 Å の薄い板状 (ラメラ：lamella と呼ぶ) で菱形の単結晶がみられる (図 6-16).

分子量約 70000 のポリエチレンの 1 本の分子 (炭素原子約 5000 個が含まれる) は，まっすぐ伸びた状態では約 6000 Å になる. ラメラの厚さは約 100 Å で分子鎖の長さに比べて非常に小さいので，1 本の分子鎖はラメラの中で何回か折りたたまれていることになる (図 6-17). この単結晶ラメラは高分子の結晶の 1 つの基本的

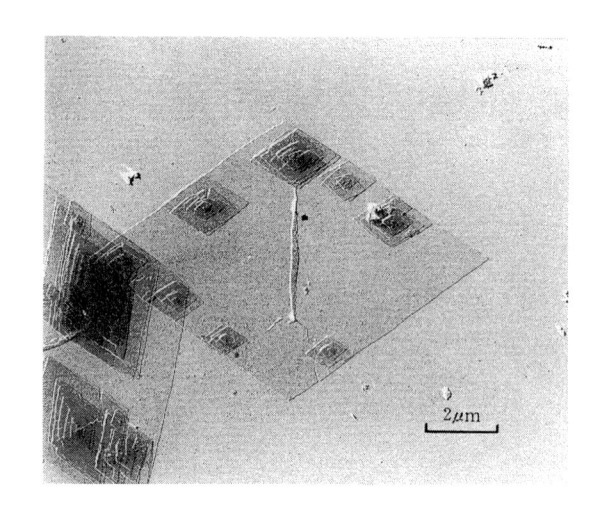

図 6-16 ポリエチレン単結晶透過電子顕微鏡写真（キシレンの希薄溶液から析出．単結晶に別のラメラの成長がみられる）
[甲本忠史氏の厚意による]

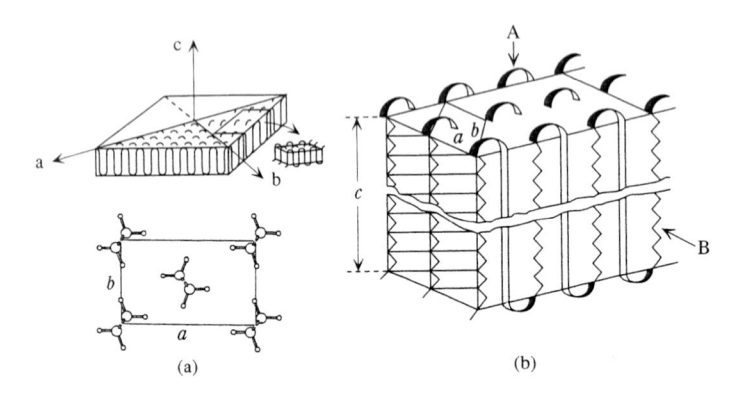

図 6-17 ポリエチレン単結晶中の分子鎖の配列の模型図[9),15)]
●：炭素，○：水素，$a = 7.40$ Å，$b = 4.93$ Å，$c = 2.53$ Å
(a) 単位胞（c軸方向からみた）である．
(b) 単結晶における分子鎖の折りたたみを示す．Bはポリマー主鎖のジグザグ平面の傾きを，Aは結晶の頂面の折りたたみを示す．

構造であり，希薄溶液から分離される．

その後，高分子の単結晶はポリエチレンの他に，ポリオキシメチレン，ポリエチレンオキシド，ポリビニルアルコールなど多くの高分子でも得られている（表6-4）．

3-4 高分子の球晶

球晶 (spherulite) は低分子化合物では古くから認められていた．たとえば，馬尿酸の場合は，小さな結晶の核がもとになって球晶に成長する．

表 6-4 単結晶の成長条件と形状

ポリマーの種類	結晶系	成長条件	形	成長面
ポリエチレン	斜方晶	キシレン, 75～85℃	菱　形	(110)
(分別物)	斜方晶	キシレン, 80℃	菱　形	(110)
ポリオキシメチレン	六方晶	ブロモベンゼン, 130℃	六角形	(100)
ポリエチレンオキシド	正方晶	20% シクロヘキサン 80% キシレン	正方形	(100)
ナイロン 66	三斜晶	グリセリン, 0.001%, 220℃	平行四辺形	
アイソタクチックポリプロピレン	単斜晶	α-クロロナフタレン, 0.01% 110℃	短冊形	長辺 (010) 短辺 (100)
ポリエチレンテレフタレート	三斜晶	ジフェニルエーテル, 180℃	平行四辺形	(100) (010)

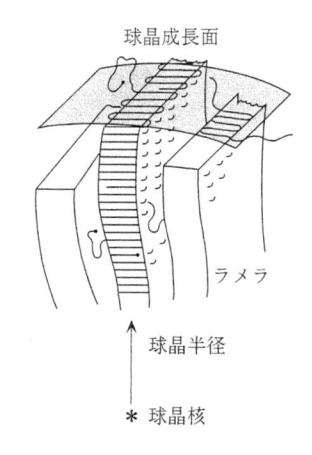

図 6-18 溶解物からの球晶のラメラの模型図[9]

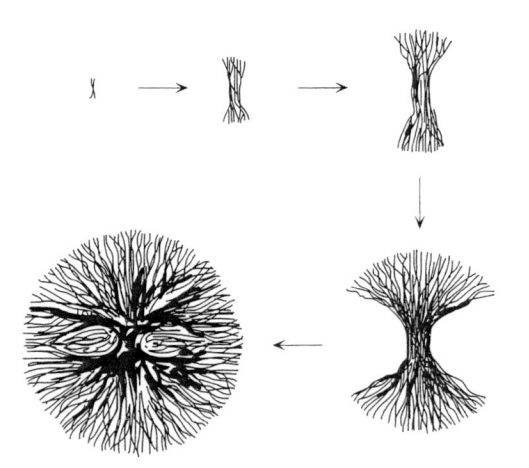

図 6-19 球晶の構造と成長の模式図[9]

図 6-20 ポリプロピレン球晶の偏光顕微鏡写真 (左下の明るい部分は異なったタイプの球晶)
[山本雄三氏の厚意による]

100 μm

このような球晶の成長が高分子にも認められる．融解状態の高分子を徐々に冷やすと，まず核になる単結晶ラメラができる．その上にらせん転位が成長して中心部になり，さらに次々に新しい層状結晶を生成しながら，先端が扇のように開いて双葉（束状）構造ができ，球晶に発展する（図6-18〜20）．

3-5 高分子の伸び切り鎖状結晶

常圧下では希薄溶液から折りたたみ状の板状結晶ができるが，高圧下（0.3 GPa以上）では分子鎖が伸び切った結晶が生成する．ポリエチレンを0.59 GPa，255℃で2時間等温結晶化させると，分子鎖方向に約1 μmの大きさの伸び切り鎖状結晶が生成する．超高分子量の場合には折りたたみ構造が多少できると考えられている．

高速撹拌下で結晶化すると，伸び切り鎖状結晶と折りたたみ鎖状結晶からなるシシカバブ構造の結晶が得られる．これは図6-21のように，伸び切り鎖状結晶がくしの核部分（シシ）で，折りたたみ鎖状結晶が肉部分（カバブ）である．

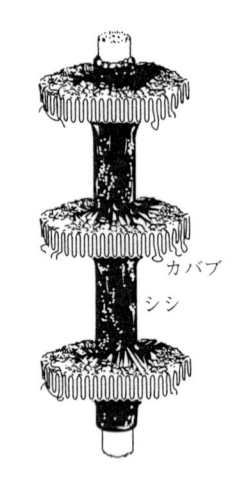

図 6-21 シシカバブ結晶の構造モデル[15]

3-6 高分子の液晶

汎用の熱可塑性高分子は溶融状態ではランダムであるが，剛直な構造をもつ液晶高分子は溶融状態で分子の配向がみられ，分子のからみ合いが少なく，冷却後も分子の配向がそのまま固定されるので，優れた力学的性質が発現される（図6-22）．

ランダムコイル
（溶融状態）

折りたたみ分子鎖構造

押出し→

ネマチック構造

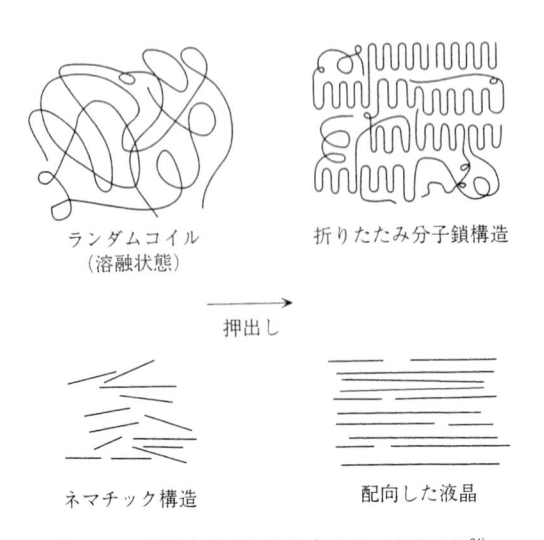

配向した液晶

図 6-22 汎用高分子と液晶高分子の流動形態[34]

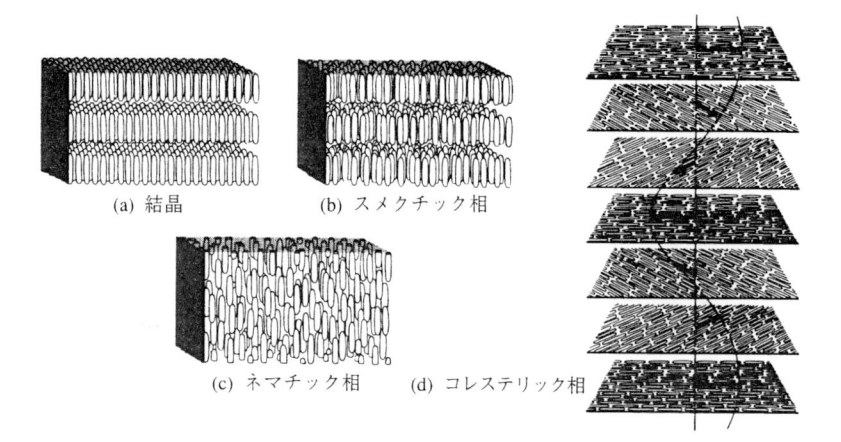

図 6-23 液晶構造[11]

　液晶 (liquid crystal) は，「**結晶のようにある種の規則的分子配列をし，同時に液体のような流動性のある状態**」と定義できる．そして液晶は次の2つに大別される．
　① サーモトロピック液晶：1成分からなり温度変化によって液晶になる．芳香族ポリエステル系が主体である．
　② リオトロピック液晶：2成分以上の濃厚溶液からなる．芳香族ポリアミド系高分子が主体である．
液晶には**図 6-23** に示すような3つの構造がある．
　① スメクチック液晶：層状構造をもち，層内では一方向に配向しており規則性が高い．
　② ネマチック液晶：重心の位置が異なり一方向のみに配向している．
　③ コレステリック液晶：ねじれたネマチック相といわれ，コレステリック面内のネマチック相の配向方向がらせん状にねじれている．
これらの液晶はいずれも分子の長軸が平行に配向する．それゆえ，液晶を示す物質は規則的な配向に適した分子構造と分子間力をもっていることが必要である．このような分子構造は，棒状あるいは平面状で異方性があり，同時に永久双極子モーメントや分極されやすい官能基をもっていなければならない．
　液晶形成能をもつ官能基を**メソゲン**と呼び，ベンゼン環や複素環などがその機能を示す．液晶を示す高分子化合物も開発され，すでに実用化されている．
　液晶高分子は化学構造から主鎖型，側鎖型および複合型に分類される (**図 6-24**).
　① 主鎖型液晶高分子：主鎖骨格中にメソゲンがあるため，比較的剛直な棒状分子となり，分子全体の配向が起こり液晶となる．

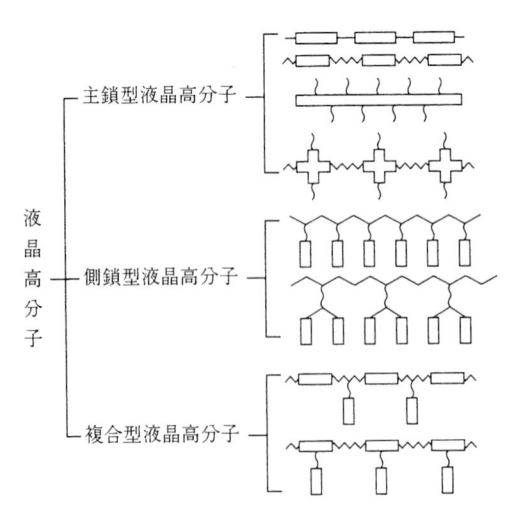

☐：棒状あるいは円盤状（ディスコチック），〰〰：屈曲鎖（含まれない場合もある）

図 6-24　液晶高分子の配列模式図[34]

② 側鎖型液晶高分子：側鎖部分にメソゲンがあり，側鎖部分だけが配向して液晶となる．
③ 複合型液晶高分子：主鎖骨格中と側鎖部分にメソゲンがあり，両者が配向して液晶となる．

第7章

高分子固体の性質

　高分子をいろいろな材料として利用するためには，高分子固体の性質を理解しておかなければならない．本章では，高分子の熱的性質，強度などの力学的性質および高分子が示す特異な粘弾性（弾性体と粘性体の中間的性質）について学ぶ．

1　高分子の熱的性質

1-1　物質の転移温度

　あらゆる物質の分子運動は絶対零度（−273℃）付近では凍結しているが，この分子運動は温度や圧力によって変化する．その際，物質の状態が急激に変わる温度を**転移温度**（transition temperature）という．このような熱による分子運動は低分子と高分子によって著しく異なる．

低分子の分子運動：一定の温度を境にして固体，液体，気体状態をとり，明瞭な転移温度を示す．
　固体：構成分子の分子間力が分子の運動エネルギーよりはるかに大きく，分子相互の位置は変わりにくい．
　液体：分子間力は十分あるが，各分子の位置を変えることができる．
　気体：分子の運動エネルギーが分子間力よりはるかに大きく，分子は自由に位置を変えることができる．

高分子の分子運動：温度によって変化するが，明瞭な転移温度を示さず，しかも気体になる前に分解を起こす．

1-2　高分子の分子運動

　高分子の分子運動は絶対零度（−273℃）付近では凍結されているが，徐々に温度を上げていくと，① 側鎖や主鎖中の原子団の局所的な運動，② 主鎖の局所的な運動，③ 主鎖のミクロブラウン運動（セグメント運動），④ 結晶内分子鎖の運動が起こる．

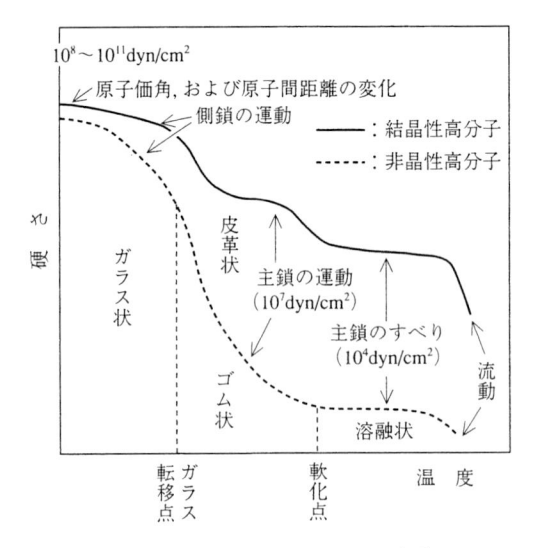

図7-1 高分子固体の温度特性[9),11)]

図7-1はこのような関係を結晶性高分子と非晶性高分子について示したものである．

1-2-1 高分子のガラス転移温度（glass transition temperature：T_g）

非晶性高分子および結晶性高分子の非晶領域において，セグメント（segment，高分子鎖中のある長さで，一般に数個〜数十個の原子のつながりと考えられる）が，短い距離を移動するミクロブラウン運動の始まる温度をいう．この段階では結晶は融解せず原形を保っている．

1-2-2 高分子の融点（melting temperature：T_m）

高分子の結晶の大きさは不均一で，同時に不完全な結晶部分があるので，小さな結晶部分や不完全な結晶部分が先にほぐれ非晶部分となって融解する．そのため，融点に幅がある．

このような高分子固体の熱的性質は，その化学構造や固体構造によってきまる．主な高分子のガラス転移温度T_gおよび融点T_mを表7-1に示す．

高分子固体の性質は転移温度付近で大きく変わるので，T_gとT_mは高分子の特徴を示す重要な値である．一般に，分子間凝集力が大きいものほど，またかさ高い側鎖をもち主鎖が剛直なものほどT_gとT_mは高い．したがって，耐熱性に優れるエンプラ系の高分子のT_gとT_mは高い．

表 7-1 高分子固体のガラス転移温度と融点

ポリマー	繰り返し単位の構造	T_g(℃)	T_m(℃)
ポリエチレン (HDPE)	$+\mathrm{CH_2-CH_2}+$	−120	137
(LDPE)		−30	110
ポリプロピレン (iso)[*1]	$+\mathrm{CH-CH_2}+$ / $\mathrm{CH_3}$	−8	167
シス-1,4-ポリブタジエン	$+\mathrm{CH_2}\diagup\mathrm{C=C}\diagdown\mathrm{CH_2}+$ / H H	−102	1
シス-1,4-ポリイソプレン	$+\mathrm{CH_2}\diagup\mathrm{C=C}\diagdown\mathrm{CH_2}+$ / $\mathrm{CH_3}$ H	−73	28
ポリスチレン	$+\mathrm{CH_2-CH}+$ / $\mathrm{C_6H_5}$	100	230
ポリアクリロニトリル (st)[*2]	$+\mathrm{CH_2-CH}+$ / CN	97	317
ポリ塩化ビニル	$+\mathrm{CH_2-CH}+$ / Cl	81	310
ポリ塩化ビニリデン	$+\mathrm{CH_2-CCl_2}+$	−18	200
ポリテトラフルオロエチレン	$+\mathrm{CF_2-CF_2}+$	−113 (127)	346
ポリオキシメチレン	$+\mathrm{O-CH_2}+$	−82	200
ポリジメチルシロキサン	$+\mathrm{Si-O}+$ / $\mathrm{CH_3}$, $\mathrm{CH_3}$	−127	−40
ポリエチレンテレフタレート	$+\mathrm{O-CH_2CH_2-O-CO-C_6H_4-CO}+$	69	280
ナイロン66	$+\mathrm{NH-(CH_2)_6-NH-CO-(CH_2)_4-CO}+$	57	265
芳香族ポリアミドの例	$+\mathrm{NH-C_6H_4-NH-CO-C_6H_4-CO}+$	345 (520)	497 (600)
ポリイミドの例		345 (410)	—

[*1] iso：イソタクチック，[*2] st：シンジオタクチック

また，T_g と T_m の間には，次のような経験的な関係があるといわれている[*]．

対称性高分子　　非対称性高分子

$$\frac{T_g}{T_m} \fallingdotseq \frac{1}{2} \qquad \frac{T_g}{T_m} \fallingdotseq \frac{2}{3}$$

ただし，T_g, T_m は絶対温度．

たとえば，

ポリ塩化ビニリデン　　$\dfrac{T_g}{T_m} \fallingdotseq \dfrac{255}{473} \fallingdotseq \dfrac{1}{2}$

[*] この経験則にしたがわない例も多々ある．

ポリエチレンテレフタレート　$\dfrac{T_g}{T_m} \fallingdotseq \dfrac{342}{553} \fallingdotseq \dfrac{2}{3}$

天然ゴム　　　　　　　　　　$\dfrac{T_g}{T_m} \fallingdotseq \dfrac{200}{301} \fallingdotseq \dfrac{2}{3}$

高分子固体は T_g や T_m を境にして比容積に著しい変化がみられるが，その様子は高分子の固体構造によって異なる．非晶性高分子，結晶性高分子および高分子結晶の温度と比容積の関係を示した**図 7-2** からこのことが分かる．

① 非晶性高分子：T_g が認められるが，T_m は認められない．

② 結晶性高分子：T_g，T_m 共に認められるが，T_m には幅がある．

③ 高分子結晶：T_g は認められず，明瞭な T_m が認められる．

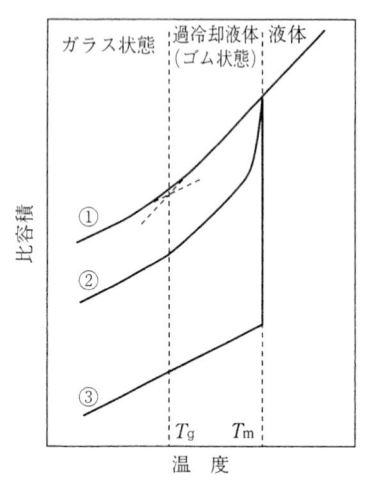

図 7-2 高分子の比容積-温度曲線[17]
①：非晶性高分子，②：結晶性高分子，③：高分子結晶

2　高分子固体の力学的性質

2-1　応力-ひずみ曲線

　高分子固体の力学的性質，たとえば機械的強度は高分子を使用する上できわめて大切な性質の 1 つである．この力学的性質は，応力-ひずみ曲線 (stress-strain curve：S-S 曲線) の測定によって知ることができる．高分子の応力-ひずみ曲線は次のように大別できる (**図 7-3**)．

（a）軟らかく弱い：高分子ゲルやチーズ状物質
（b）硬くもろい：ポリスチレン，ポリメタクリル酸メチル
（c）硬く強い：高強度・高弾性繊維 (エンプラ系)
（d）軟らかく粘り強い：ゴム，可塑性ポリ塩化ビニル
（e）硬く粘り強い：ナイロン，ポリエチレンテレフタレート

　なお，力学的性質を表す引張り強さと弾性力は次のように定義される．

　　引張り強度 (tensile strength)：破断点における試料の単位断面積当たりの張力．

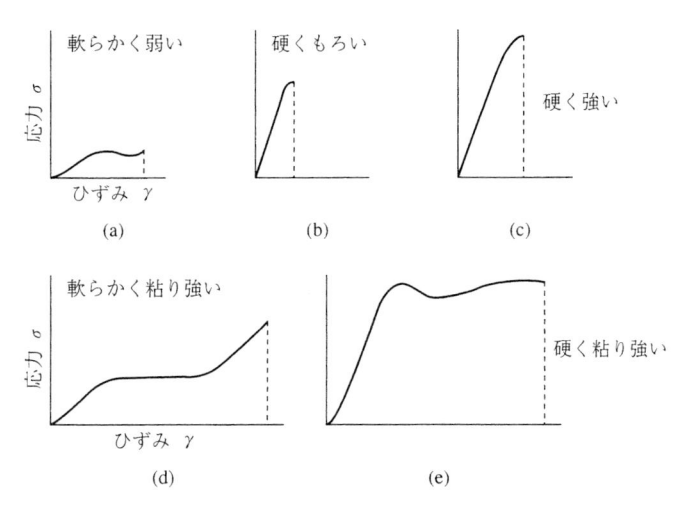

図 7-3 典型的な応力-ひずみ曲線[9]

引張り弾性力 (modulus：ヤング率)：応力-ひずみ曲線の初期勾配，すなわち引張りのごくはじめに，単位の伸びを与えるのに要する張力．

2-2 代表的高分子の引張り強さと伸び

高分子の応力-ひずみ曲線の実例を，ゴム，結晶性高分子 (ポリエステル，ナイロン)，高弾性率繊維 (ケプラー 49) を例にとり，図 7-4 に示す．

また，代表的な高分子の引張り強さと伸びを表 7-2 に示す．

3 高分子固体の粘弾性

3-1 粘弾性

物質の力学的性質は，弾性，粘性，塑性などによく現れる．

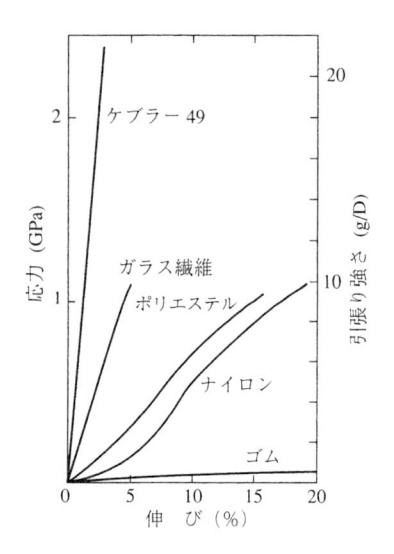

図 7-4 高分子固体の応力-ひずみ曲線の例[18]

完全な弾性体は変形に応じた応力が生じ，変形をもとに戻せば応力はなくなり，加えた力学的エネルギーも回復する．

完全な粘性体は変形速度に応じた応力が生じるが，変形を止めるとそのままの形状を保ち，応力はゼロとなり，加えた力学的エネルギーはすべて熱として消える．

表 7-2 代表的な高分子の引張り強さと伸び[29]

高　分　子	引張り強さ (破断時) (kg/cm²)	伸　び (破断時) (%)
ポリエチレン (HDPE)	224〜315	10〜1200
ポリエチレン (LDPE)	84〜320	100〜650
ポリプロピレン	316〜420	100〜600
ポリスチレン	366〜527	1.2〜2.5
ポリアクリロニトリル	633	3〜4
ポリ塩化ビニル (硬質)	420〜527	40〜80
ポリ塩化ビニル (軟質)	105〜246	200〜450
ポリテトラフルオロエチレン	141〜352	200〜400
ポリエチレンテレフタレート	598〜738	50〜300
ナイロン 66	773〜844	60〜300
芳香族ポリアミド	533〜844	70〜150
ポリイミド	738〜1200	8〜10

　多くの高分子は，弾性体と粘性体の中間の性質，すなわち**粘弾性** (visco-elasticity) を示す．このような粘弾性体の力学的性質を調べる学問を**レオロジー** (rheology．レオはギリシャ語で流動を意味する) という．なお，粘弾性を示す物質として，飴 (あめ) がよく例にあげられる．飴は中央に荷重をかけて長時間おくと垂れ下がってくるが，急に曲げようとすると硬い金属棒のような弾性を示す．この複雑な粘弾性は，高分子固体の**変形** (ひずみ) 弾性をバネ (spring) で，粘性をダッシュポット (dashpot) で表すことによって理解される．弾性 (バネ) と粘性 (ダッシュポット) の組み合わせには，**図 7-5** に示すように，**直列の組み合わせのマクスウェル模型** (Maxwell 模型：M 模型) と**並列の組み合わせのフォークト模型** (Voigt 模型：V 模型) がある．

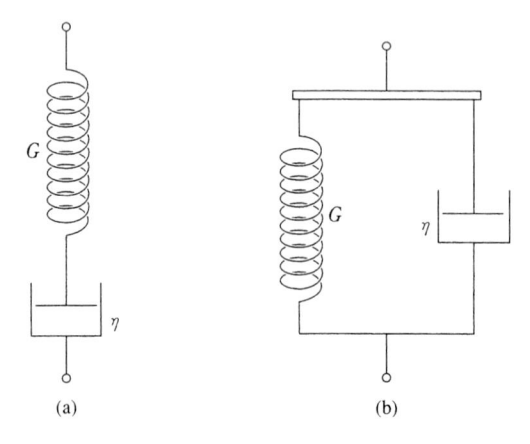

図 7-5　(a) マクスウェル模型，(b) フォークト模型[20]
G：弾性率 G のバネ，η：粘性率 η のダッシュポット

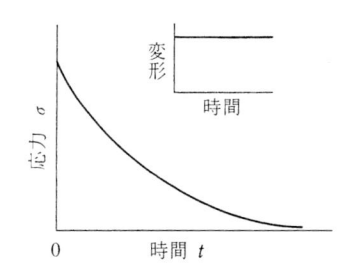

図 7-6　M 模型による応力緩和曲線[9]

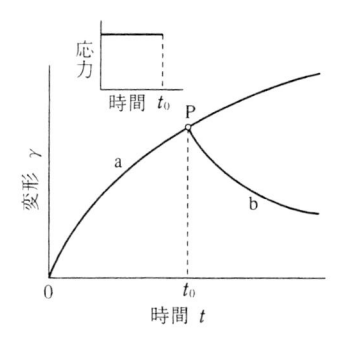

図 7-7　V 模型によるクリープ
曲線 a と回復曲線 b[9]

　M 模型は，一定の変形（ひずみ）を与えた場合は，試料にかかる応力は時間と共に減少することを示している．これを**応力緩和**（stress relaxation）と呼び，非晶性高分子では応力はゼロになる．結晶性高分子やエラストマー（架橋点をもつ非晶性高分子）ではゼロにならない（**図 7-6**）．

　一方，V 模型では，一定の応力で試料を引っ張り続けると，力はバネとダッシュポットの両方にかかって，ずるずると伸び変形し続ける．ある程度変形した後，応力を除くと（P 点），少しずつもとに戻る（**図 7-7**）．ここで，a 線のように変形が時間と共に大きくなる現象を**クリープ**（creep），また b 線のようなゆっくりした回復を**クリープの回復**（creep recovery）という．しかし，この場合は応力を除いた後も変形が残る．これは粘性成分によってひずみが残留することを意味している．

3-2　マクスウェル模型の応力緩和

　マクスウェル（M）模型では物質の変形は，バネ（弾性）とダッシュポット（粘性）の変形の和と考える．**粘性変形を示す場合**は，式 (1) に従う．

$$\sigma = \eta \frac{d\gamma}{dt}$$
$$\therefore \quad \frac{d\gamma}{dt} = \frac{\sigma}{\eta} \tag{1}$$

ただし，σ は応力，η は粘性率，γ は変形を表す．

　弾性変形を示す場合は，式 (2) に従う．

$$\sigma = G\gamma$$
$$\therefore \quad \gamma = \frac{\sigma}{G} \tag{2}$$

ただし，G は弾性率を表す．

式 (2) を時間 t で微分すると式 (3) になる.

$$\frac{d\gamma}{dt} = \frac{1}{G}\frac{d\sigma}{dt} - \frac{\sigma}{G^2}\frac{dG}{dt} \tag{3}$$

G と η は時間によって変わらないと仮定すると,$dG/dt = 0$ であるので式 (4) となる.

$$\frac{d\gamma}{dt} = \frac{1}{G}\frac{d\sigma}{dt} \tag{4}$$

式 (1) と式 (4) をたすと,式 (5) のマクスウェル式が得られる.

$$\frac{d\gamma}{dt} = \frac{\sigma}{\eta} + \frac{1}{G}\frac{d\sigma}{dt} \tag{5}$$

ここで,一定変型を加える,すなわち γ を一定に保つと,$d\gamma/dt = 0$ になるため,式 (5) は次のようになる.

$$\frac{1}{G}\frac{d\sigma}{dt} = -\frac{\sigma}{\eta} \tag{6}$$

$$\frac{d\sigma}{\sigma} = -\frac{G}{\eta}dt$$

$$= -\frac{1}{\tau}dt \tag{7}$$

ここで,$\tau = \eta/G$ は**緩和時間**[*] (relaxation time) である.式 (7) を積分すると,式 (8) が求まる.

$$\sigma = \sigma_0 \exp\left(-\frac{t}{\tau}\right) \tag{8}$$

なお,はじめの一定変形 γ_0 に対応する初期応力を σ_0 とすると,$t = 0$ では $\sigma = \sigma_0$ であり,式 (2) から,$\sigma_0 = G\gamma_0$ である.

一定の τ 時間後の応力 σ_τ は,式 (8) より $t = \tau$ とすると,式 (9) で示される.

$$\sigma_\tau = \sigma_0 \exp(-1) \tag{9}$$

$$\frac{\sigma_\tau}{\sigma_0} = \frac{1}{e}$$

$$= \frac{1}{2.72} (= 0.37) \tag{10}$$

粘弾性体の緩和時間 τ は,「応力緩和において**応力の最初の値が 37 % になるまでの時間**」である.すなわち,緩和時間 τ は高分子固体に与えた応力が減少する速度の目安であり,τ が小さいものは**流動性**,τ が大きいものは**固体に近い性質**をもって

---

[*] η/G:$(\text{dyn/cm}^2\cdot\text{s})/(\text{dyn/cm}^2)$ のため,τ の次元は時間である.

いる．

3-3　フォークト模型の遅延時間

　フォークト（V）模型では，応力が一定の時の物質の応力の変化を表すのに，バネ（弾性）とダッシュポット（粘性）の両方に等しくかかる応力の和を用いる．粘性体の変形は $\sigma = \eta(d\gamma/dt)$，弾性体の変形は $\sigma = G\gamma$ に従うので，フォークトの式は式 (11) で示される．

$$\sigma = \eta \frac{d\gamma}{dt} + G\gamma \tag{11}$$

G と η は時間によって変化しないと仮定する．

　いま，応力を一定に保つとする（$d\sigma/dt = 0$）．すなわち，このとき σ は時間に無関係な定数 $\sigma = \sigma_0$ となる．このとき式 (11) は γ のみの微分方程式となり，これを解くと式 (12) が求まる．

$$\gamma = \frac{\sigma_0}{G}\left[1 - \exp\left(-\frac{Gt}{\eta}\right)\right] \tag{12}$$

$t = \infty$ のときの変形を γ_∞ とすると，$\gamma_\infty = \sigma_0/G$ ゆえ，式 (13) になる．

$$\gamma = \gamma_\infty\left[1 - \exp\left(-\frac{Gt}{\eta}\right)\right] \tag{13}$$

ここで，遅延時間（retardation time）$\lambda = \eta/G$ を導入すると

$$\gamma = \gamma_\infty\left[1 - \exp\left(-\frac{t}{\lambda}\right)\right] \tag{14}$$

　一定の時間，$t = \lambda$ 後の変形 γ を γ_λ とすると式 (15) が求まる．

$$\gamma_\infty - \gamma_\lambda = \frac{\gamma_\infty}{e}$$

$$\frac{\gamma_\lambda}{\gamma_\infty} = 1 - \frac{1}{e}$$

$$= 0.63 \tag{15}$$

　したがって，遅延時間 λ は，「**クリープによる変形が無限変形 γ_∞ の 63 % に達するまでの時間**」である．これは応力の緩和時間 τ と対応している．すなわち，遅延時間 λ は物体がある一定の変形に達するまでの速さの 1 つの目安であり，λ が小さい高分子は流動性に富み，λ が大きいものは固体に近い性質をもっている．

3-4　動的粘弾性

　高分子の粘弾性を調べることにより，高分子の力学的性質に関係する分子構造，分子の凝集状態，分子の運動性などについての情報が得られる．通常は，振動する

ひずみに対する応力の応答をみる，**動的粘弾性法**を用いる．

短冊形の高分子試料に，振幅 γ_0 で角周波数 ω の正弦波のひずみを与えると，そのときのひずみ γ は式 (16) のように時間の関数となる．

$$\gamma(t) = \gamma_0 \exp(i\omega t) \tag{16}$$

このときに生ずる応力 σ は，マクスウェル式 (5) の定常解を求めると式 (17) で表される．

$$\begin{aligned} \sigma(t) &= \frac{1}{1 - i/\omega\tau} G\gamma(t) \\ &= \left[\frac{\omega^2\tau^2}{1+\omega^2\tau^2} + i\frac{\omega\tau}{1+\omega^2\tau^2} \right] G\gamma(t) \\ &\equiv G^*(i\omega)\gamma(t) \end{aligned} \tag{17}$$

ここで，$G^*(i\omega)$ は，角周波数 ω のときの弾性率に対応し，複素数のため**複素弾性率** (complex modulus) と呼ばれ，式 (18) のように実部と虚部に分けられる．

$$G^*(i\omega) = G'(\omega) + iG''(\omega) \tag{18}$$

実部 $G'(\omega)$ を動的貯蔵弾性率 (dynamic storage modulus)，**虚部 $G''(\omega)$ を動的損失弾性率** (dynamic loss modulus) とそれぞれ呼ぶ．

よってマクスウェル模型では，式 (18) はそれぞれ式 (19)，(20) となる．

$$G'(\omega) = \frac{G\omega^2\tau^2}{1+\omega^2\tau^2} \tag{19}$$

$$G''(\omega) = \frac{G\omega\tau}{1+\omega^2\tau^2} \tag{20}$$

ここで，τ は緩和時間であり，粘性率と弾性率の比，$\tau = \eta/G$ で表される．式 (20) は計算すると，$\omega\tau = 1$ で G'' 値は極大になり，ピークを示す．実際の実験では，ω を一定にして温度と密接に関係する τ を変えて G'' 測定されている．通常は，G'' の代わりに，**損失係数** (loss factor) $\tan\delta = G''/G'$ がよく用いられている (**図 7-8**)．

4 高分子製品の性質と高分子の合成，固体構造および固体物性の関係

これまで，高分子の合成，構造および物性について学んできたが，高分子製品の性質はこれらの多様な要因が複雑に関係している．それらの関係をまとめると**表 7-3** のようになる．

4 高分子製品の性質と高分子の合成，固体構造および固体物性の関係　165

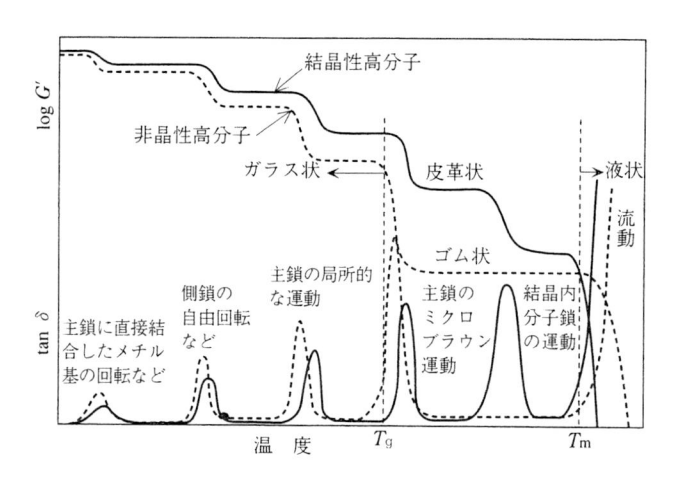

図 7-8 結晶性高分子および非晶性高分子の G'-T 曲線と $\tan\delta$-T 曲線の典型例[11]

表 7-3 高分子製品の性質と高分子の合成，構造および物性の関係

合　成	⟶ 分子構造	⟶ 固体物性	⟶ 製品の性質
原料モノマー 　親水性 　疎水性 　機能性官能基 　etc.	分子量（重合度） 分子量分布 分岐構造	転移 　ガラス転移温度（T_g） 　融点（T_m） 　分解温度（T_d）	耐久性 　耐候性 　耐熱性 　耐光性 　その他劣化因子
重合条件 ・連鎖重合（付加重合） 　（ラジカル・イオン重合） ・逐次重合 　重縮合 ・触媒 ・反応条件 　温度，圧力，雰囲気	共重合体 　ランダム 　レギュラー 　　（交互） 　ブロック 　グラフト ポリマーブレンド 　（アロイ）	結晶性・非晶性 　結晶化度 　結晶構造 　結晶化速度 　その他 溶融特性 　溶融粘性 　溶融弾性 　相溶性 　剪断速度	強度・伸度，耐衝撃性 寸法安定性 感性 　風合 加工性（染色など） 地球環境適性 　光・生分解性

第8章

高分子溶液の性質

高分子はとてつもなく分子量が大きいため,高分子溶液の挙動は低分子とは著しく異なる.本章では,高分子溶液の一般的な性質,溶解性を理解するための熱力学および溶解性の尺度である溶解性パラメーターについて学ぶ.

1 高分子溶液の概念

1-1 溶液とは

2種類以上の物質が均一に溶解した混合物を**溶体**(solution)という.溶体は気体,液体または固体物質が,たがいに均一に混合している.液体状の溶体を**溶液**(solution),金属の合金のような溶体を**固溶体**(solid solution)という.

溶液は溶質(solute)が溶媒(solvent,溶剤とも呼ぶ)に均一に溶解した液相状の溶体である.溶質になる物質は,気体,液体,固体のいずれでもよいが,ここでは分子量の著しく大きい高分子を対象にする.

一般に,溶液の性質は,溶質分子の特性によることが大きいが,溶媒分子の特性や溶質-溶媒間の相互作用によっても大きく影響される.

1-2 理想溶液からのずれ

高分子溶液の場合は,溶質が分子量の著しく大きい高分子のため,理想溶液からのずれが大きい.

理想溶液
① 溶解前と後で体積変化が全くない.
② 溶解の際に熱の出入りが全くない.すなわち,溶媒同士および溶質同士の相互作用のエネルギー(分子間力)と溶媒-溶質間の相互作用のエネルギーが等しい.

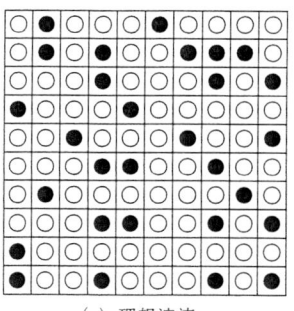

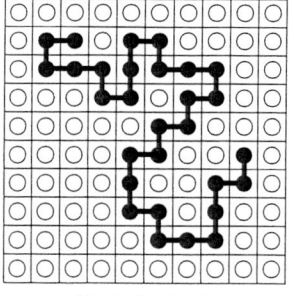

(a) 理想溶液　　　　(b) 高分子溶液

(●溶質分子, ○溶媒分子)

図 8-1 溶液の格子模型[9]

高分子溶液

① 溶質高分子の分子量が非常に大きいため，溶解前と後で体積変化が必ずある．

② 溶媒同士および溶質（高分子）同士の相互作用のエネルギー（分子間力）と溶媒-溶質間の相互作用のエネルギーが，それぞれ違うので，混合の際に熱の出入りが必ずある．

一般に溶質分子の性質と無関係に，溶質の分子数（モル濃度）のみによってきまった値をとることを**束一性**（colligative property）と呼んでいる．このような束一性は低分子溶液において，溶媒の蒸気圧，溶液の浸透圧，氷点降下や沸点上昇などにみられ，これらは束一量として測定される．

しかし，高分子溶液においては束一性は，無限希釈に近い濃度以外は一般には成立しない．その理由は，高分子鎖が溶媒分子と同じくらい大きいセグメントの連鎖からなっているとみなすと，高分子鎖はその屈曲性（内部回転）などによって多くの立体配座をとることができるため，同一モル分率では混合のエントロピーが理想溶液の場合よりはるかに大きくなることによると説明されている（図 8-1）．このように高分子溶液が理想溶液から大きくずれる理由については，フローリー-ハギンス（Flory-Huggins）の格子理論によってくわしく説明されているので成書を参照されたい．

1-3 高分子の溶解過程

低分子の有機化合物の溶媒に対する溶解性は，「**似たもの同士がよく溶ける（Like dissolves like）**」といわれているように，類似の官能基をもったもの同士は容易に溶ける．

高分子の場合もある程度低分子の経験則が適用できるが，高分子の溶解性はその

固体構造によって影響されるため複雑である．一般に鎖状の結晶性高分子は次の2つの過程をたどって溶解する（図1-8 (p.17) 参照）．
  ① 溶媒分子が，すき間の多いボイドや分子間力の弱い非結晶部分にゆっくり侵入し，膨潤状のゲルになる．
  ② 溶媒がさらに結晶部分に侵入し完全な溶液になる．
また，次のような経験則がある．
  ① 溶媒と化学構造の類似しているものは溶解に有利で，溶媒・溶質の分子間力が溶媒同士または溶質同士の分子間力より大きいとき溶解する．
  ② 分子量が増加すると溶解性は減少する．
  ③ 融点の高いものほど溶解性は減少する．

1-4 良溶媒と貧溶媒

高分子の溶媒に対する溶解性は，高分子と溶媒間に働く相互作用の強さによってきまる．高分子と親和性がよい溶媒は，溶解性がよく高分子の溶液中で広がりが大きいので**良溶媒** (good solvent) と呼ばれる．

一方，高分子との親和性に乏しい溶媒の場合は，高分子の広がりは小さく，縮まっているので**貧溶媒** (poor solvent) といわれる．極端な溶媒の場合は，溶液中の高分子は凝集し，沈澱してしまうので沈澱剤 (precipitant) といわれる（図8-2）．

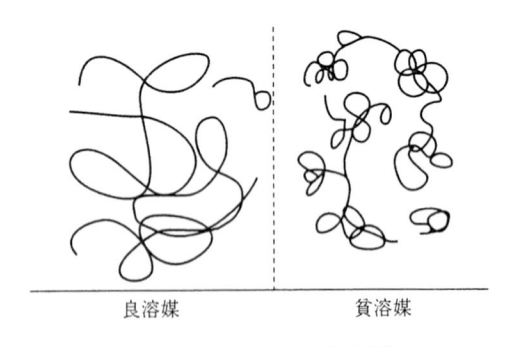

図 8-2 高分子鎖の溶解状態[9]

2 溶解力

2-1 熱力学の復習

2-1-1 熱力学の第1法則（内部エネルギー）

熱力学第1法則はエネルギー保存則[*1]ともいわれ，「熱と仕事は等価で，エネルギーと呼ばれる活力のもとである」こと，および「自然界におけるエネルギーの総量は一定不変である」ことを述べている．これは，系が状態Aから状態Bへ移るときのエネルギー差は，初めの状態Aと終わりの状態Bのみに関係し，決して道筋によらないことを意味している．すなわち，系のエネルギーは内部エネルギーU，熱Qおよび仕事Wで表され，式(1)の関係にある．

$$U = Q + W \tag{1}$$

一般にUの増加を正，減少を負，Qは加熱を正，冷却を負，Wは外部からの圧縮を正，外部への膨張を負とする．

```
          圧縮(+)       増加(+)       加熱(+)
  [仕事] ←――――→ [内部エネルギー] ←――――→ [熱]
          膨張(-)       減少(-)       冷却(-)
    W                   U                    Q
```

内部エネルギーUは，系が変化する経路によらず，現在の状態のみによってきまる熱力学的な状態量である．それゆえ，内部エネルギーの変化量ΔUは，式(2)で示される．

$$\Delta U = q + w \tag{2}$$

ここで，qは系に入る熱，wは系になされる仕事である．ΔUは変化の経路によらず一定であるが，qやwは変化の経路によっていろいろ変えられる．微少変化について式(2)を微分形で書けば，式(3)となる[*2]．

$$dU = d'q + d'w \tag{3}$$

[*1] エネルギー保存則は，第一種永久機関（外から仕事を加えないで自動的に運転して仕事を続ける機関）は実現できないことを述べたものである．
[*2] dUは変化の経路によらないので完成微分といい，$d'q$と$d'w$は経路によって変わるので不完全微分という．

2-1-2 エンタルピー

系の変化の条件をきめれば，$d'q$ は一義的にきまる．最も一般的な変化の条件は，定容変化と定圧変化である．

定容変化では

$$dV = 0, \quad dw = -PdV = 0 \tag{4}$$

である（なお，dw は一義的にきまっているので，$d'w$ とは書かない）．それゆえ，熱量変化 q_V（添字 V は定容変化を意味する）は，式 (2) より式 (5) で示され，内部エネルギーの変化量と等しいことになる．

$$q_V = \Delta U \quad \left(\because w = \int_A^B dw = -\int_A^B PdV = 0 \right) \tag{5}$$

添字 A，B はそれぞれ状態を意味する．

定圧変化では，w は式 (6) となるので，

$$w = -\int_A^B PdV = -P\int_A^B dV = -P(V_B - V_A) = -P\Delta V \tag{6}$$

熱量変化 q_P（添字 P は定圧変化を意味する）は，式 (7) で示される．

$$q_P = \Delta U + P\Delta V = \Delta(U + PV) \tag{7}$$
$$(P = 一定)$$

ここで，内部エネルギー U，圧力 P，容積 V を同時に考えられる量として**エンタルピー** (enthalpy) H を導入する*（式 (8)）．

$$H = U + PV \tag{8}$$

式 (7) より，定圧変化における熱量変化 q_P は，エンタルピー変化 ΔH に等しいことになる．すなわち

$$q_P = H_B - H_A = \Delta H \tag{9}$$

以上のことから，熱力学式 (10) が得られる．

$$\boxed{\Delta H = \Delta U + P\Delta V} \tag{10}$$

また，理想気体の状態方程式，$PV = RT$ より，式 (11) が求まる．

$$\Delta U = \Delta H - RT \tag{11}$$

2-1-3 熱力学の第 2 法則（エントロピー）

自然界の変化は，一般には不可逆である．いったん熱に変わった仕事は，すべて

---

* H は状態量 U，P，V の関数であるから，状態量である．

をもとの仕事に戻すことはできない．そのため気体の自由膨張は不可逆である．熱を仕事に変える機関を**熱機関** (heat engine) という．

このような変化の不可逆性に関する熱力学第 2 法則は，熱機関の最大仕事効率の研究から出発し，**エントロピー** (entropy) S の概念の成立によって完成をみた．熱力学第 2 法則は「第 2 種永久機関*は存在しない」などといろいろ説明されているが，自然界の変化の方向をエントロピーの概念によって明らかにしたものである．

エンタルピー H は，ある状態を定めることによってきまる熱力学的状態量である．しかし，熱量 Q や仕事 W は状態量ではなく，系の温度や容積が変化して初めて求まる量である．そこで，エントロピー S の概念が，系の状態を熱量や仕事と関連づけることのできる状態量として取り入れられた．

いま，系の基準状態 A から別の状態 B まで変化させるとき，これが可逆的に行われる（可逆機関を考える）とする．温度 T の熱源から系に移動する熱を q_r とすると，比 q_r/T の値は道筋によらず B の状態だけできまる．q_r/T を**エントロピーの変化** $\varDelta S$ といい，式 (12) で表す．

$$\varDelta S = \frac{q_\mathrm{r}}{T} \tag{12}$$

2-2 溶解の熱力学

高分子の溶媒に対する溶解力は，先に述べた熱力学によって説明することができる．

2-2-1 自由エネルギーの変化

高分子と溶媒の混合による自由エネルギーの変化は，混合前と後の自由エネルギーの差であり，式 (13) で表される．

$$\varDelta G = G - G^0 \tag{13}$$

ただし，$\varDelta G$ は自由エネルギーの変化（$\varDelta G < 0$ のとき溶解），G は混合後の溶液の自由エネルギー，G^0 は混合前の高分子と溶媒の自由エネルギーの和を表す．

また，混合のエンタルピー（混合熱）の変化 $\varDelta H$ と混合のエントロピーの変化 $\varDelta S$ は，式 (14) と式 (15) でそれぞれ表される．

$$\varDelta H = H - H^0 \tag{14}$$

$$\varDelta S = S - S^0 \tag{15}$$

ただし，H, S は混合後の溶液のエンタルピーとエントロピー，H^0, S^0 は混合前の

---

* ただ 1 つの熱源から熱を得て，これを仕事に変えて周期的（可逆的）に働く機関をいう．

高分子と溶媒のエンタルピーの和およびエントロピーの和を表す．

したがって，**混合の自由エネルギー** (free energy of mixing) ΔG は，ギブズ (Gibbs) の式 (16) で表される．

$$\Delta G = \Delta H - T\Delta S \qquad (16)$$

これより高分子の溶解性は，
① エンタルピー変化（混合熱）(ΔH)
② エントロピー変化（分子の広がり）と混合の温度（$-T\Delta S$）
によってきまることがわかる．

2-2-2　エンタルピー変化（混合熱）

折りに触れ述べてきた通り，分子同士はたがいに分子間力（図 1-1 (p.9) 参照）によって集合体を形成している．混合前は高分子，溶媒とも分子間力によって，それぞれ独立した集合体を形成している．このような高分子と溶媒が溶解するためには，高分子-溶媒間で新しい分子間力が形成されなければならない．その際の分子間力エネルギーの収支，すなわちエンタルピー変化が溶解性をきめることになる．混合のエンタルピー変化（混合熱）ΔH は式 (17) で表される．

$$\Delta H = -2H_{SP} + (H_S + H_P) \qquad (17)$$

ただし，ΔH は混合のエンタルピー変化（混合熱），H_S は溶媒同士のエンタルピー，H_P は高分子同士のエンタルピー，$2H_{SP}$ は高分子-溶媒間のエンタルピー（2 対の高分子-溶媒の相互作用が生成する）を表す．

ここで，$2H_{SP} \gg (H_S + H_P)$ ならば，$\Delta H < 0$ となり発熱的に溶解する．

良溶媒は高分子との接触が大きい（H_{SP} 大）ため，ΔH が小さくなり，ΔG も小さくなる．貧溶媒は高分子との接触が少ない（H_{SP} 小）ため，$(H_S + H_P) \gg 2H_{SP}$ となり，ΔH が大きく，ΔG も大きい．

なお，分子間力が，高分子と溶媒の両方，あるいはいずれか一方が極性に基づく場合は，発熱的（$\Delta H < 0$）に溶解する（$\Delta G < 0$）．

しかし，高分子，溶媒とも分子間力が分散力の場合（たとえば，ポリスチレンとベンゼン）には，吸熱的（$\Delta H > 0$）に溶解する（$\Delta G < 0$）．この溶解現象は，ヒルデブランド (Hildebrand) の混合熱と**溶解度パラメーター** (solubility parameter) の関係式 (18) によって説明されている．

$$\Delta H = V(\delta_S - \delta_P)^2 \phi_S \phi_P \text{ cal/mol} \tag{18}$$

$$\phi_S = \frac{n_S V_S}{n_S V_S + n_P V_P}$$

$$\phi_P = \frac{n_P V_P}{n_S V_S + n_P V_P}$$

ただし,V は分子容 (mL/mol) ($= n_S V_S + n_P V_P$),δ は溶解性パラメーター (cal/mL),n はモル数,ϕ は容積モル分率,添字 S,P はそれぞれ溶媒,高分子を表す.

ここで,$\Delta H > 0$ は吸熱的溶解であるが,式 (16) より,$T\Delta S$ の値にかかわらず,ΔH が小さい方が溶解に有利である.そして,$\Delta H = 0$ であれば $\Delta G < 0$ となり溶解する.$\Delta H = 0$ になるのは,$\delta_S = \delta_P$ の場合であり,経験則(似たもの同士が混合しやすいこと)と一致する.

なお,経験的に ($\delta_S - \delta_P$) < 4 の場合は溶解,($\delta_S - \delta_P$) > 4 の場合は不溶といわれている.

2-2-3 エントロピー変化と温度効果

高分子の溶解性を理解するには,さらにエントロピー変化 ΔS と温度効果 ($-T\Delta S$) を考慮する必要がある.エントロピーは,一般に無秩序さの尺度である.それゆえ,高分子と溶媒を混合させたときの系のエントロピーは,分子の並べ方の数と関係する.

高分子と溶媒の分子が,それぞれ M_P 個,M_S 個あるとする.混合前は両者が別々になっているので分子の並べ方の数は 1 つしかないが,混合後は式 (19) で示される Z 個となる.

$$Z = \frac{(M_S + M_P)!}{M_S! M_P!} \tag{19}$$

この際の混合のエントロピー変化 ΔS は,統計力学の公式 (20) から,以下で表される.

$$\Delta S = k \ln Z \tag{20}$$
$$= k\{\ln(M_S + M_P)! - \ln M_S! - \ln M_P!\} \tag{20}'$$

ここで,

$$k = \frac{R}{N} = 1.380 \times 10^{-16} \text{ erg/deg·mol}$$

k はボツルマン定数,R は気体定数,N はアボガドロ数を表す.

M_S と M_P は非常に大きい値であるから,スターリング (Stirling) の近似式

$$\ln M! = M\ln M - M$$
$$= M(\ln M - 1)$$

を用いると，式 (20)' は式 (21) のように書き表せる．

$$\Delta S = k\{(M_S + M_P)[\ln(M_S + M_P) - 1] - M_S(\ln M_S - 1) - M_P(\ln M_P - 1)\}$$
$$= -k\left\{M_S \ln \frac{M_S}{M_S + M_P} + M_P \ln \frac{M_P}{M_S + M_P}\right\} \tag{21}$$

式 (21) より，エントロピーは混合する分子の数で表すことができることが分かる．

さらに，分子数をモル数 ($n = M/N$) に直すと，$kN = R$ より式 (22) となる．

$$\Delta S = -R(n_S \ln N_S + n_P \ln N_P) \tag{22}$$

ただし，N_S, N_P はそれぞれ溶媒と高分子のモル分率を表す．

$$N_S = \frac{n_S}{n_S + n_P}$$

$$N_P = \frac{n_P}{n_S + n_P}$$

いま，1本の線状高分子が，溶媒分子とほぼ同じ大きさの x 個のセグメントからなっているとすると，式 (22) は式 (23) のようになる．

$$\Delta S = -R(n_S \ln \phi_S + n_P \ln \phi_P) \tag{23}$$

ただし，

$$\phi_S = \frac{xn_P}{n_S + xn_P}, \quad \phi_P = \frac{n_S}{n_S + xn_P}$$
$$(\phi_S + \phi_P = 1)$$

容積分率 ϕ_S, ϕ_P とも 1 より小さい値であるため，$\ln \phi$ は負の値となる．それゆえ，式 (16)，(23) より

ΔS, $T\Delta S$ 値は共に正

になる．しかも，$\Delta G < 0$ になるためには，式 (16) より絶対値で $|\Delta H| < |T\Delta S|$ にならないといけない．温度を上げ，すなわち T を大きくすることによって，$|T\Delta S|$ 値が大きくなるので，$\Delta G < 0$ はさらに強調される．

このように，高分子の溶解現象は，エンタルピー（混合熱）の変化 ΔH の他に，エントロピー変化 ΔS および溶解の温度 T を考慮することによって理解することができる．

2-3 凝集エネルギー密度と溶解性パラメーター

高分子の溶解性についてさらに理解を深めるために，凝集エネルギー密度，すなわち分子の集合体から 1 個の分子を引き離すのに必要なエネルギーの概念が用いら

れている.

凝集エネルギー密度 (cohesive energy density：**CED** (cal/mL)) は単位体積当たりの凝集エネルギーであり，**溶解性パラメーター** (solubility parameter：**SP** または δ) と式 (24) のような関係にある．

$$SP = \sqrt{CED} \tag{24}$$

CED は SP と共に**溶解力の尺度**として使われる．

凝集エネルギーは分子の内部エネルギーに関係し，式 (25) で表される．

$$CED = \frac{\Delta U}{V} = \frac{\Delta H - RT}{V} = \frac{\rho}{M}(\Delta H - RT) \tag{25}$$

ここで，ΔU は内部エネルギー変化 (cal/mol)，V はモル容積 (分子容，mL/mol)，ΔH は蒸発熱 (cal/mol)，R は気体定数 (1.98 cal/mol)，T は絶対温度 (K)，ρ は密度 (g/mL)，M はグラム分子量 (g/mol) を表す．

溶媒の CED はその蒸発熱より求める．高分子の CED は架橋させた網状構造の不溶性高分子を用い，CED の異なる一連の溶媒により膨潤度を求め，最大の膨潤度を与える溶媒の CED の値をとる．

一方，溶解性のパラメーター SP は，原子および原子団の**凝集エネルギー定数 G** を用いて，式 (26) より求められる．

$$SP = \rho \frac{\Sigma G}{M} \tag{26}$$

ここで，ρ は密度，G は原子および原子団の凝集エネルギー定数 (分子式について加成性がある)，M は基本分子量を表す．

たとえば，ポリエチレンテレフタレートについて SP 値を計算すると，次のようになる．

$$\left[\begin{array}{c}\underset{\text{O}}{\overset{\text{}}{\text{C}}}-\bigcirc-\underset{\text{O}}{\overset{\text{}}{\text{C}}}-\text{O}-(\text{CH}_2)_2-\text{O}\end{array}\right]_n$$

基本分子量 $C_{10}H_8O_4$

$$M = 192.164$$

凝集エネルギー定数 (**表 8-1**)

$\bigcirc$ は 1 個：$658 \times 1 = 658$

$-CH_2-$ は 2 個：$133 \times 2 = 266$

$\underset{\text{O}}{\overset{\text{}}{-\text{CO}-}}$ は 2 個：$310 \times 2 = 620$

表 8-1 種々の原子および原子団の凝集エネルギー定数 G (25℃)[37]

基	G	基	G
$-CH_3$ ⎫	214	CO ケトン類	275
$-CH_2-$ ⎬ 一重結合	133	COO エステル類	310
$-CH$ ⎪	28	CN	410
$>C<$ ⎭	-93	Cl (平均)	260
$=CH_2$ ⎫	190	Cl 単	270
$=CH-$ ⎬ 二重結合	111	Cl 複, $>CCl_2$	260
$=C<$ ⎭	19	Cl 三重, $-CCl_3$	250
$CH\equiv C-$	285	Br 単	340
$-C\equiv C-$	222	I 単	425
フェニル	735	CF_2 ⎫ n-フッ化炭素のみ	150
フェニレン (o, m, p)	658	CF_3 ⎭	274
ナフチル	1146	S 硫化物	225
5員環	105〜115	SH チオール類	315
6員環	95〜105	NO_2 (脂肪族ニトロ化合物)	〜440
共役結合	20〜30	PO_4 (有機リン酸塩)	〜500
H (不定)	80〜100	ONO_2 (硝酸塩)	〜440
O エーテル類	70		

(注) 蒸発熱より求めた値．なお，ホイ (Hoy) は蒸気圧の測定から同様に G を求めた．『Polymer Handbook[37]』に併記されているが，両者の値はかなり違う．

よって

$$\sum G = 658 + 266 + 620$$
$$= 1544$$

$\rho = 1.335$ とすれば SP は式 (26) より

$$SP = 1.335 \times \frac{1544}{192.164}$$
$$= 10.73$$

種々の溶媒および高分子の溶解性パラメーター SP 値を図 8-3 に示す．

2-4 接着強度と溶解性パラメーター

溶解性パラメーター SP は，高分子同士の接着性を考える上でも役に立つ．ポリエチレンテレフタレート (PET) に対する種々の高分子系接着剤のはく離強度の関係をみると図 8-4 のようになる．PET は $SP = 10.73$ であるが，SP 値の近い (10〜11) 接着剤のはく離強度の高いことが分かる．

また，新車が消費者にわたされるまでに，塗装膜を保護するためにフィルム (ラップ) が用いられているが，塗装膜とラップの SP 値が近いと接着性がよすぎ塗装膜面に微小なはく離 (跡付きといわれる) を起こし錆などの原因となる．これを避けるために，溶解性パラメーター SP をもとに自動車塗膜用保護フィルムが開発され

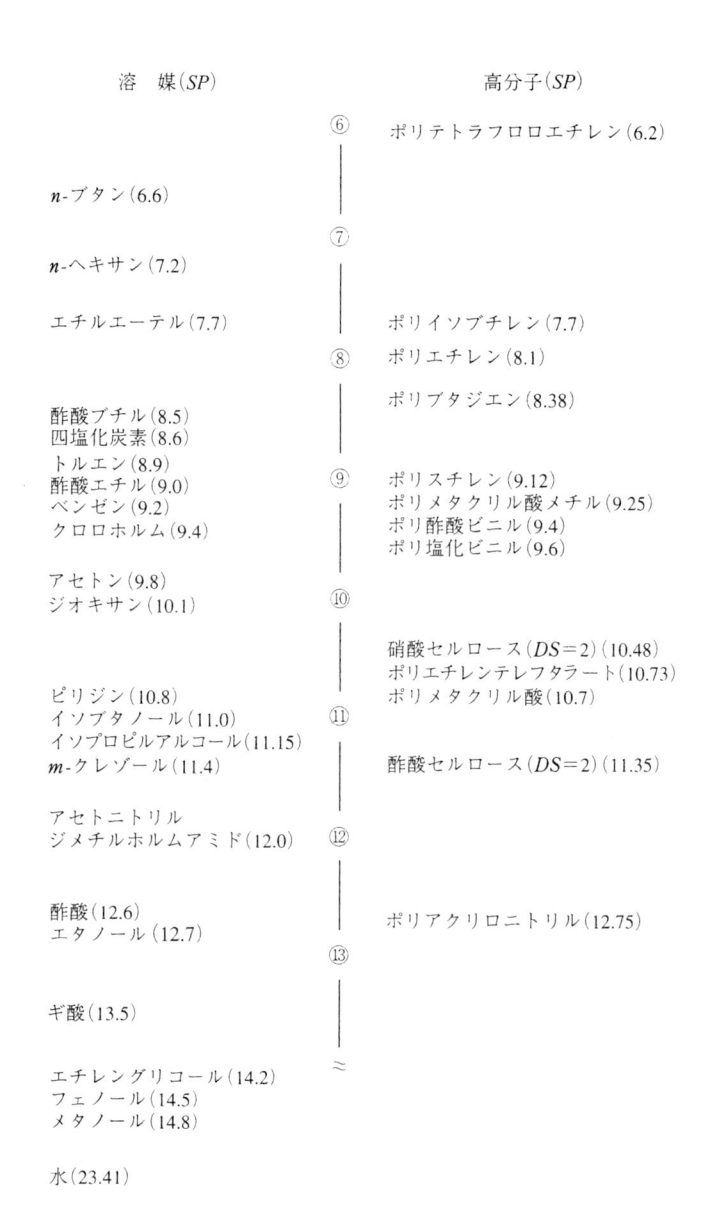

```
        溶 媒(SP)                          高分子(SP)
                              ⑥─── ポリテトラフロロエチレン(6.2)
                                  │
    n-ブタン(6.6)                    │
                                  │
                              ⑦───
                                  │
    n-ヘキサン(7.2)                  │
                                  │
    エチルエーテル(7.7)                │── ポリイソブチレン(7.7)
                              ⑧─── ポリエチレン(8.1)
                                  │── ポリブタジエン(8.38)
    酢酸ブチル(8.5)                   │
    四塩化炭素(8.6)                   │
    トルエン(8.9)                    │
    酢酸エチル(9.0)              ⑨─── ポリスチレン(9.12)
    ベンゼン(9.2)                    │── ポリメタクリル酸メチル(9.25)
    クロロホルム(9.4)                  │── ポリ酢酸ビニル(9.4)
                                  │── ポリ塩化ビニル(9.6)
    アセトン(9.8)                    │
    ジオキサン(10.1)             ⑩───
                                  │
                                  │── 硝酸セルロース($DS=2$)(10.48)
                                  │── ポリエチレンテレフタラート(10.73)
    ピリジン(10.8)                   │── ポリメタクリル酸(10.7)
    イソブタノール(11.0)          ⑪───
    イソプロピルアルコール(11.15)        │
    m-クレゾール(11.4)                │── 酢酸セルロース($DS=2$)(11.35)
                                  │
    アセトニトリル                    │
    ジメチルホルムアミド(12.0)     ⑫───
                                  │
    酢酸(12.6)                     │── ポリアクリロニトリル(12.75)
    エタノール(12.7)              ⑬───
                                  │
    ギ酸(13.5)                     │
                                  │
                               ≈
    エチレングリコール(14.2)
    フェノール(14.5)
    メタノール(14.8)

    水(23.41)
```

図 8-3 種々の溶媒と高分子の溶解性パラメーター SP

ている(図 8-5).

このように溶解性パラメーターは,実用面でも参考になることが多い.

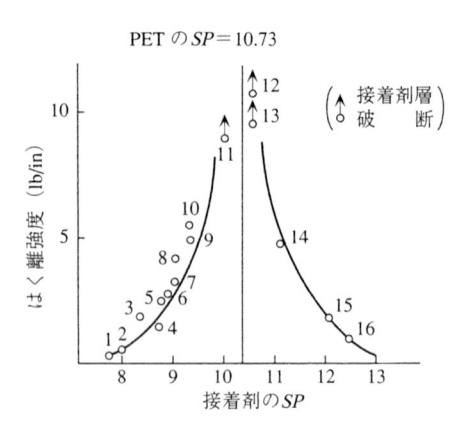

図 8-4 溶解性パラメーター SP と PET に対するはく離強度の関係[46]

図中の数字は接着剤の高分子の符号を示す（少々難しいので，はく離強度の小さいポリマー名（1～9, 15, 16）は省略した）.
10：ブタジエン-アクリロニトリル共重合体
11：1,4-オキシブチレングリコール-TDI
　　（トリレンジイソシアナート）
12：酢酸ビニル-マレイン酸ジブチル系
13：イソシアナート-エポキシ系
14：ポリ酢酸ビニル系

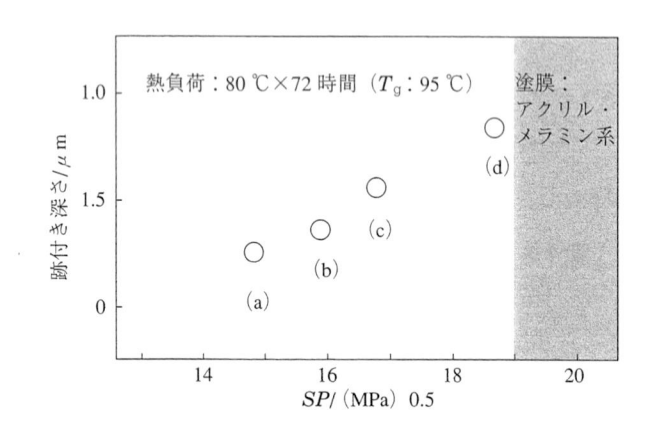

図 8-5 各種ポリマーの跡付き深さと塗膜・ポリマーの SP 値の関係[47]
　　　［柴田健一氏の厚意による］
(a) シリコーン系粘着剤，(b) ポリイソブチレン系粘着剤
(c) スチレン-エチレン-ブチレン粘着剤，(d) アクリル系粘着剤

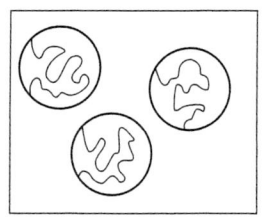

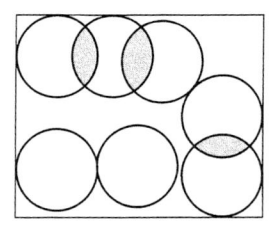

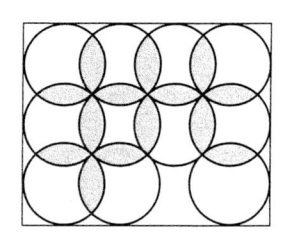

(a) 希薄溶液　　　　(b) 準希薄溶液　　　　(c) 濃厚溶液

図 8-6　溶液濃度と高分子鎖の相互作用[9]

3　溶液濃度と高分子鎖の相互作用

　高分子は分子量がきわめて大きいため，数%（重量）程度の濃度であっても粘稠な溶液となる．高分子溶液は高分子鎖同士の相互作用をもとにすると，大まかに次のように分けることができる（図 8-6）．
① 希薄溶液：溶解している高分子が少なく高分子間の相互作用がない．1 本の分子鎖が溶けているのと同じ状態である．
② 準希薄溶液：高分子鎖間の距離が近づき，高分子同士の相互作用が現れる．
③ 濃厚溶液：高分子鎖がたがいに入り組み，絡み合った状態の粘稠な溶液である．
　このような高分子溶液では，1）希薄溶液における分子鎖の広がりの概念，2）高分子鎖の両末端間距離，3）高分子鎖の回転半径，4）高分子鎖の末端間距離および回転半径の分布などの課題があるが，さらにくわしくは前著『入門 高分子科学』および巻末の成書を参照されたい．

第9章

分子量の決定方法

　高分子の分子量はとてつもなく大きく，同一組成の繰り返し単位の異なる分子からなり，広がり（分布）をもっている（多分散）．ただし，酵素などの生体高分子の分子量は単一分散である．本章では高分子研究の原点でもある高分子の分子量の表し方および測定方法について学ぶ．

1　高分子の多分散性と平均分子量

　低分子化合物はすべて一定の分子量からなり，単分散である．一方，高分子は，一部の生体高分子（酵素，核酸など）を除いて，分子量の異なる同族体の集合体である．それゆえ，高分子は広い分子量分布をもっており，多分散性（多分子性）である（図 9-1 および図 1-9（p.17）参照）．

　このような多分子性の高分子の分子量は平均値，すなわち平均分子量によって表され，数平均，重量平均，Z 平均，粘度平均分子量などが用いられている．これらの平均分子量は，分子量 M_i の高分子が N_i 個あるとして，それぞれ以下の各項のように定義する．なお，平均重合度とは，高分子鎖を構成するモノマーの数の平均値である．

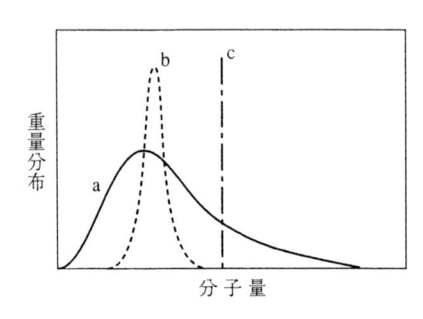

図 9-1　高分子の多分散性の比較
a：ラジカル重合で得られた高分子
b：半合成高分子
c：生体高分子（酵素，核酸など）

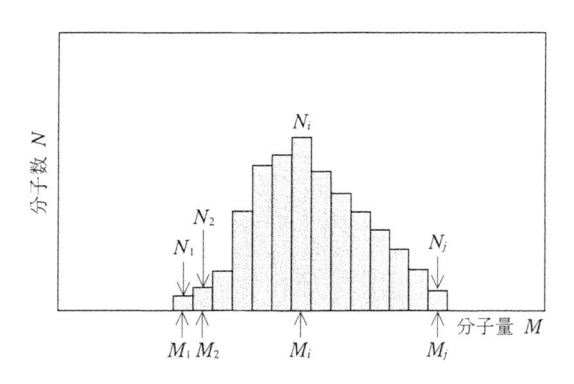

図 9-2 数平均分子量 $\bar{M}_\mathrm{n}$ [39]

1-1 数平均分子量

数平均分子量(number-average molecular weight：$\bar{M}_\mathrm{n}$)は，分子量 M_i の数分率 $N_i \big/ \sum_{i=1}^{\infty} N_i$ と M_i の積を，i について 1 から ∞ まで加えた値として定義され，式 (1) で示される(**図 9-2**).

$$\bar{M}_\mathrm{n} = \sum_{i=1}^{\infty} M_i N_i \Big/ \sum_{i=1}^{\infty} N_i \tag{1}$$

$$\left(\bar{M}_\mathrm{n} = \frac{M_1 N_1 + M_2 N_2 + \cdots + M_i N_i + \cdots + M_j N_j + \cdots}{N_1 + N_2 + \cdots + N_i + \cdots + N_j + \cdots} \right)$$

ここで，

$\sum_{i=1}^{\infty} N_i$：単位重量の試料中にある分子のモル数

$\sum_{i=1}^{\infty} M_i N_i = \sum_{i=1}^{\infty} W_i = W$：各分子種の重量の合計で，試料全重量

$\bar{M}_\mathrm{n}$ は分子の数についての平均値のため低分子量成分に敏感で，他の平均値に比べて小さい値となる(**図 1-9** (p.17) 参照).$\bar{M}_\mathrm{n}$ は末端基定量法や浸透圧法などによって測定できる.

1-2 重量平均分子量

重量平均分子量(weight-average molecular weight：$\bar{M}_\mathrm{w}$)は，式 (2) で表される(**図 9-3**).

$$\bar{M}_\mathrm{w} = \sum_{i=1}^{\infty} M_i^2 N_i \Big/ \sum_{i=1}^{\infty} M_i N_i \tag{2}$$

$$\left(\bar{M}_\mathrm{w} = \frac{M_1^2 N_1 + M_2^2 N_2 + \cdots + M_i^2 N_i + \cdots + M_j^2 N_j + \cdots}{M_1 N_1 + M_2 N_2 + \cdots + M_i N_i + \cdots + M_j N_j + \cdots} \right)$$

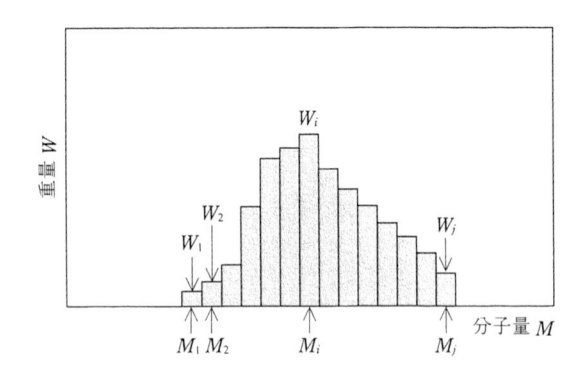

図 9-3 重量平均分子量 $\bar{M}_w$ [39]

重量平均分子量では，高分子量体の寄与を重視しているので，$\bar{M}_w$ の値は $\bar{M}_n$ より大きい．$\bar{M}_w$ は光散乱法などにより測定できる．

1-3 Z 平均分子量

Z 平均分子量（Z-average molecular weight：$\bar{M}_z$）は，高分子量体の寄与をさらに重視した式 (3) で表される．

$$\bar{M}_z = \sum_{i=1}^{\infty} M_i^3 N_i \Big/ \sum_{i=1}^{\infty} M_i^2 N_i \tag{3}$$

$$\left(\bar{M}_z = \frac{M_1^3 N_1 + M_2^3 N_2 + \cdots + M_i^3 N_i + \cdots + M_j^3 N_j + \cdots}{M_1^2 N_1 + M_2^2 N_2 + \cdots + M_i^2 N_i + \cdots + M_j^2 N_j + \cdots} \right)$$

$\bar{M}_z$ は超遠心法により測定できる．

このような $\bar{M}_n$, $\bar{M}_w$, $\bar{M}_z$ の関係は，図 9-4 のように，1 辺の長さが 1，2，3 cm の線，正方形，立方体がそれぞれ 3 個，4 個，3 個あるものと考えると容易に理解できる．そして，各平均値の大きさは次の順序である．

$$\bar{M}_z > \bar{M}_w > \bar{M}_n$$

1-4 粘度平均分子量

粘度平均分子量（viscosity average molecular weight：$\bar{M}_v$）は，式 (4) で示される．

$$\bar{M}_v = \left[\sum_{i=1}^{\infty} M_i^{1+\alpha} N_i \Big/ \sum_{i=1}^{\infty} M_i N_i \right]^{1/\alpha} \tag{4}$$

$$\left(\bar{M}_v = \left[\frac{M_1^{1+\alpha} N_1 + M_2^{1+\alpha} N_2 + \cdots + M_i^{1+\alpha} N_i + \cdots + M_j^{1+\alpha} N_j + \cdots}{M_1 N_1 + M_2 N_2 + \cdots + M_i N_i + \cdots + M_j N_j + \cdots} \right]^{1/\alpha} \right)$$

ここで α は，極限粘度 $[\eta]$ と分子量 M との関係式，$[\eta] = KM^\alpha$（後述の式 (14)）の α である．

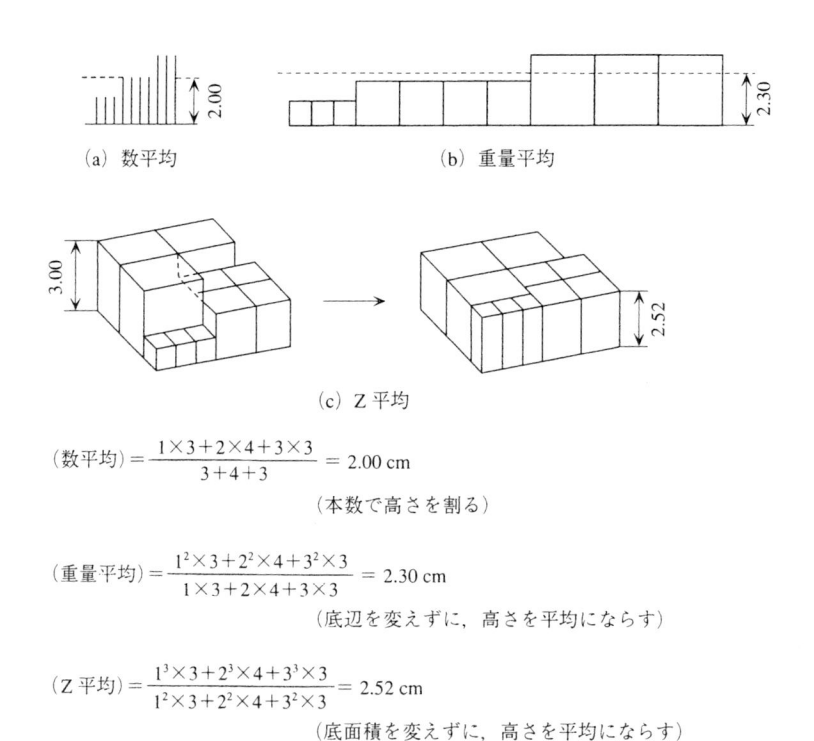

(数平均) $= \dfrac{1\times 3 + 2\times 4 + 3\times 3}{3+4+3} = 2.00$ cm

(本数で高さを割る)

(重量平均) $= \dfrac{1^2\times 3 + 2^2\times 4 + 3^2\times 3}{1\times 3 + 2\times 4 + 3\times 3} = 2.30$ cm

(底辺を変えずに,高さを平均にならす)

(Z 平均) $= \dfrac{1^3\times 3 + 2^3\times 4 + 3^3\times 3}{1^2\times 3 + 2^2\times 4 + 3^2\times 3} = 2.52$ cm

(底面積を変えずに,高さを平均にならす)

図 9-4 各種の平均値の比較[48]

α は 0.5〜1.0 の値を示すので,$\bar{M}_\mathrm{v}$ は図 1-9 のように幅をもって示される.いま,$\alpha = 0.6$ として,図 9-4 の例と同じように $\bar{M}_\mathrm{v}$ を求めると,次のようになる.

$$\bar{M}_\mathrm{v} = \left(\dfrac{1^{1.6}\times 3 + 2^{1.6}\times 4 + 3^{1.6}\times 3}{1\times 3 + 2\times 4 + 3\times 3}\right)^{1/0.6} = 2.24 \text{ cm}$$

1-5 分子量分布

多分子性高分子の分子量は平均値によって $\bar{M}_\mathrm{n}$, $\bar{M}_\mathrm{w}$ などとして表すが,数平均分子量に対する重量平均分子量の比,**$\bar{M}_\mathrm{w}/\bar{M}_\mathrm{n}$ は分子量分布**(molecular weight distribution)**の目安**として用いられる.そして,$\bar{M}_\mathrm{w}/\bar{M}_\mathrm{n}$ 値の大きいものほど分子量分布の広いことを意味し,その値は高分子の合成方法などによって次のように異なる.

リビングポリマー系 (単分散に近い)	1.01〜1.05
付加重合系高分子	1.5〜2.0
高反応率のビニル系高分子	2〜5
分岐高分子	20〜50

表 9-1 種々の分子量測定法と求まる平均分子量の種類および範囲[39]

測定法	求まる平均分子量 種類	範囲
末端基定量法	$\bar{M}_n$	$M < 2.5 \times 10^4$
凝固点降下法 沸点上昇法	$\bar{M}_n$	$M < 10^3 \sim 10^4$
蒸気圧降下法	$\bar{M}_n$	$M < 2 \times 10^4$
浸透圧法	$\bar{M}_n$	$2 \times 10^4 < M < 10^6$
光散乱法	$\bar{M}_w$	$M > 10^4$
超遠心法	$\bar{M}_w, \bar{M}_z$	$M > 10^4$
粘度法	$\bar{M}_v$	全範囲 $M > 10^3$
GPC	$\bar{M}_n, \bar{M}_w, \bar{M}_z$	$M < 10^9$
GPC + LALLS*	$\bar{M}_n, \bar{M}_w, \bar{M}_z$	$M > 10^3$

＊ p.194 参照

2　分子量の測定方法

分子量の測定方法には，① 末端基定量法，② 束一的性質利用法（蒸気圧降下，沸点上昇，凝固点降下，浸透圧など），③ 光散乱法，④ 超遠心法，⑤ 粘度法などがある．これらの測定法で求まる平均分子量の種類および範囲を**表 9-1**に示す．この他，ゲルパーミエーションクロマトグラフィー（ゲル浸透クロマトグラフィー：GPC）は少量の試料ですみ，かつ簡便なため広く普及している．

2-1　末端基定量法

分子鎖末端の官能基を定量分析することにより，分子量を求める方法を**末端基定量法**（endgroup analysis）という．

この方法は一定重量中の官能基量を測定するため，数平均分子量 $\bar{M}_n$ を与える．しかし，分子量が大きくなると分子鎖中の末端基の割合が少なくなるため測定が不正確になるので，分子量約 25000 がほぼ限界である．

また，この方法は一般に測定可能な末端基をもっている重縮合系の高分子に適用できる．たとえば，ポリエステルやポリアミド系高分子は，末端カルボン酸のアルカリ滴定などにより分子量を求めることができる．しかし，付加重合系高分子は適用しにくく，開始剤断片の分析（放射性元素など）や末端基の化学修飾が可能な場合に限られる．

2-2 束一的測定法

2-2-1 主な測定法

束一的測定法は,分子の**束一性**(colligative property)*を利用して分子量を求める方法で,蒸気圧降下,沸点上昇,凝固点降下,浸透圧法などがある.これは溶質濃度が十分小さい領域では,溶液中の溶質と溶媒の活動度はそれぞれそのモル分率に等しくなること,すなわち溶質による溶媒の活動度の低下は,溶質のモル分率に比例するという原理に基づいている(図 9-5).

これらの測定法により求まる分子量の基本式を式 (5) ～ (7) に示す.当然,求まる分子量は数平均分子量 $\bar{M}_n$ である.

① 蒸気圧降下,沸点上昇法(ebulliometry)

$$\lim_{c \to 0} \frac{\Delta T_b}{c} = \frac{RT^2}{\rho \Delta H_v} \frac{1}{\bar{M}_n} \tag{5}$$

② 凝固点降下法(cryoscopy)

$$\lim_{c \to 0} \frac{\Delta T_f}{c} = -\frac{RT^2}{\rho \Delta H_f} \frac{1}{\bar{M}_n} \tag{6}$$

③ 浸透圧法(osmometry)

$$\lim_{c \to 0} \frac{\pi}{c} = \frac{RT}{M} \tag{7}$$

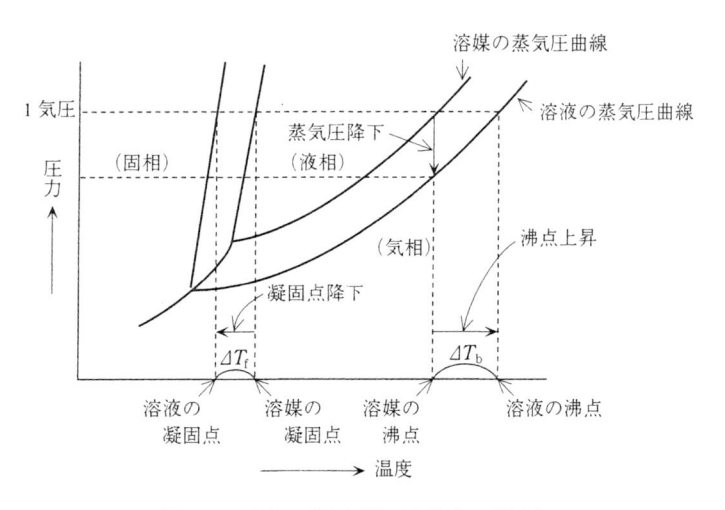

図 9-5 溶液の蒸気圧降下と沸点,凝固点

---

* 分子自身の個性が影をひそめてしまい,分子の数だけに支配される性質.

表 9-2 ポリスチレンのベンゼン溶液についての測定結果の比較[20]

測定法	値
蒸気圧降下法	4×10^{-3} mmHg
沸点上昇法	1.3×10^{-3} ℃
凝固点降下法	2.5×10^{-3} ℃
浸透圧法	15 cm（溶媒）

(注) 分子量：20000，濃度：0.01 g/mL
分子量測定範囲：表 9-1 参照

ここで，ΔT_b は沸点上昇，蒸気圧降下，ΔT_f は凝固点降下，π は浸透圧，ρ は溶液の比重，R は気体定数，ΔH_v は溶媒単位 g 当たりの蒸発の潜熱，ΔH_f は融解の潜熱，c は溶質濃度（g/mL）を表す．

表 9-2 にポリスチレンのベンゼン溶液についての各測定法の比較を示す．これより，浸透圧法を除きいずれも高精度の測定が必要であり，典型的な高分子には推奨しにくいことが分かる．

2-2-2 浸透圧法

溶液と溶媒の境に半透膜をおくと，溶媒は半透膜を通って溶液の方へ移動する．その結果，溶液側の液面は溶媒のそれより高くなる（図 9-6）．

平衡に達したときの液面の差 h は，圧力 $\rho g h$（ρ：溶液の密度，g：重力の加速度）に相当する．これが**浸透圧** π である．このように浸透圧が生ずるのは，溶質による溶液相の溶媒の化学ポテンシャルの低下を補おうとするためである．

この浸透圧は**ファント・ホッフ（van't Hoff）の法則**「非電解質の希薄溶液の浸透圧は溶質のモル濃度と絶対温度に比例する」に従い，式 (7) の関係にある．このファント・ホッフの関係式は低分子の場合には成立するが，高分子の場合は右辺に第二項，第三項を加え，式 (8) のように補正する必要がある．

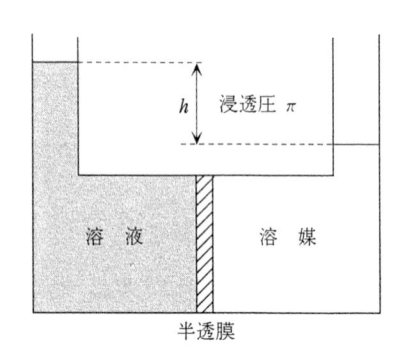

図 9-6 浸透圧の原理

$$\frac{\pi}{c} = RT\left(\frac{1}{M} + A_2 c + A_3 c^2 + \cdots\right) \tag{8}$$

ここで右辺の補正項 A_2, A_3 はそれぞれ第二，第三ビリアル係数（後述）である．高分子の多分子性を考慮すると，式 (9) となり，浸透圧法で求まる分子量は，数平均分子量 $\bar{M}_n$ であることが分かる．

$$\begin{aligned} M &= RT\left[\sum_{i=1}^{n} c_i \bigg/ RT \sum_{i=1}^{n}(c_i/M_i)\right] \\ &= \sum_{i=1}^{n} N_i M_i \bigg/ \sum_{i=1}^{n} N_i \\ &= \bar{M}_n \end{aligned} \tag{9}$$

ただし，

$$c_i = \frac{N_i M_i}{V}$$

$$c = \sum_{i=1}^{n} c_i$$

$$\pi = \sum_{i=1}^{n} \pi_i = RT \sum_{i=1}^{n}\left(\frac{c_i}{M_i}\right)$$

第二ビリアル係数 (second virial coefficient) A_2 は，もともと気体の状態方程式における理想性からのずれのうち，二分子間の相互作用によるものを表すものである．そして，これは高分子溶液における理想性からのずれの目安になる．すなわち，第二ビリアル係数 A_2 は，高分子-溶媒分子間に働く相互作用の強さの尺度である．

実際に高分子の分子量と A_2 を求めるには，その希薄溶液について浸透圧 π を測定し，π/c を濃度 c に対してプロットする．そして，縦軸の切片より $\bar{M}_n$，曲線の傾斜から A_2 をそれぞれ求める．その例を図 9-7 に示す．

第二ビリアル係数 A_2 の値は溶媒の性質と濃度に関係している．

良溶媒系：直線の勾配が急で，第二ビリアル係数 A_2 は大きい．曲線になりやすいので，濃度 $c \to 0$ への外挿が難しい（図 9-7 の a）．温度が上がると A_2 はむしろ小さくなる．

貧溶媒系：水平に近い直線が得られるので，正確な値が求まる（図 9-7 の d）．温度が上がると A_2 値は大きくなる．

それゆえ，実際の測定では適当な貧溶媒系の方が好ましい．

2-3 粘度法

低分子の溶液粘度は溶媒とあまり変わらないが，高分子溶液の粘性は高く，同一濃度では分子量が高くなればなるほど溶液粘度は増加する．この性質を逆に利用することによって高分子の分子量を測定することができる．

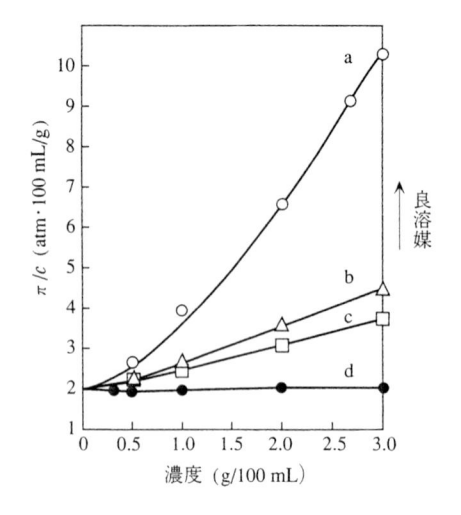

図 9-7 ポリメタクリル酸メチルの種々の溶媒系における濃度と浸透圧の関係[9]
a：クロロホルム，b：トルエン，c：アセトン，d：メタキシレン

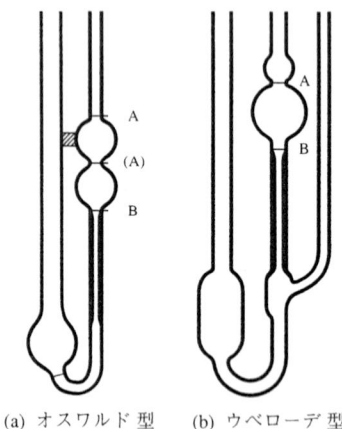

図 9-8 高分子溶液粘度の測定に通常用いられる毛細管粘度計
(a) オスワルド型 (Ostwald)
(b) ウベローデ型 (Ubbelohde)

実際の粘度は図 9-8 のような粘度計を用いて，吸い上げた溶液が A から B まで毛細管を通して落下する時間を測定する．

2-3-1 粘度の表現法

粘度は，溶媒の粘度と落下時間を η_0 と t_0，高分子溶液の粘度と落下時間を η と t とすると，以下のように表される．

相対粘度 (relative viscosity：η_{rel})

$$\eta_{rel} = \frac{\eta}{\eta_0} = \frac{\rho t}{\rho_0 t_0} \approx \frac{t}{t_0} \tag{10}$$

ただし，ρ_0，ρ は溶媒と溶液の密度を表す．

比粘度 (specific viscosity：η_{sp})

$$\eta_{sp} = \frac{\eta - \eta_0}{\eta_0} = \eta_{rel} - 1 \tag{11}$$

還元粘度 (reduced viscosity：η_{red})

比粘度は濃度に比して大きいので，比粘度を溶液濃度 c (g/100 mL) で割り，還元粘度とする．還元粘度は高分子 1 g が 100 mL 中に溶解したときの比粘度に相当し，その単位は mL/g となる．

$$\eta_{red} = \frac{\eta_{sp}}{c} \tag{12}$$

極限粘度 (intrinsic viscosity：$[\eta]$)

$c \to 0$ の無限希薄溶液の還元粘度 (η_{red}) を極限 (固有) 粘度という．$[\eta]$ は $c \to 0$ における $(\ln \eta_{rel})/c$ (本質粘度：inherent viscosity) に等しい．

$$[\eta] = \lim_{c \to 0} \eta_{red} = \lim_{c \to 0} \frac{\eta_{sp}}{c} \equiv \lim_{c \to 0} \frac{\ln \eta_{rel}}{c} \tag{13}$$

$[\eta]$ は溶液濃度を変えて求めた η_{red}/c を濃度 c に対してプロットし，その $c \to 0$ の外挿点から求める (図 9-9)．

2-3-2 分子量と極限粘度 $[\eta]$ の関係

$[\eta]$ は溶媒中に高分子鎖が 1 本だけ溶けており，分子間の相互作用が全くない極限状態の粘度である．この $[\eta]$ と分子量 M の間には式 (14) の関係がある．

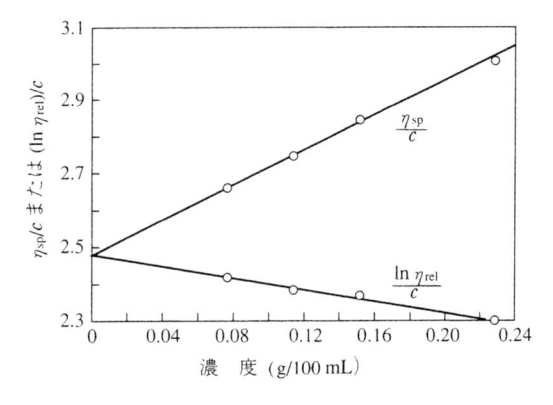

図 9-9 ポリスチレンのベンゼン溶液における還元粘度と本質粘度[20]

$$[\eta] = KM^\alpha \tag{14}$$

ここで，K, αは係数で，高分子の種類，溶媒，温度によって変わる値である．αは0.5～1の間にある．なお，『Polymer Handbook』（文献 37）参照）に，種々の高分子系についてのK, αの値が掲載されている．

2-4 ゲルパーミエーションクロマトグラフィー（GPC）

ゲルパーミエーションクロマトグラフィー（gel permeation chromatography：GPC）は，物質の分離に使われている高速液体クロマトグラフィー（HPLC）の種々の分離様式の1つである．GPCは，少量の試料（数mg）で簡便に分子量（$\overline{M}_n$, $\overline{M}_w$, $\overline{M}_z$）と分子量分布が求まるので，急速に普及している．

2-4-1 高速液体クロマトグラフィー（HPLC）

HPLCシステムは，送液用ポンプ，試料注入器，分離カラム，検出器からなり，測定時には溶離液（移動相）が絶えず送られている．いま，3成分 A, B, C の溶液（溶媒は移動相と同じ）が注入されると，各成分とも移動相と固定相の間に分配あるいは吸着平衡が成立する．各成分の移動相と固定相に対する相互関係に応じて，カラム内の平均移動速度が違い，最初にA成分，次にB成分，最後にC成分が溶出する（図 9-10）．

2-4-2 GPCによる分離

GPCシステムはHPLCと同じで，カラム内は溶媒で膨潤した多孔質ゲルが充填

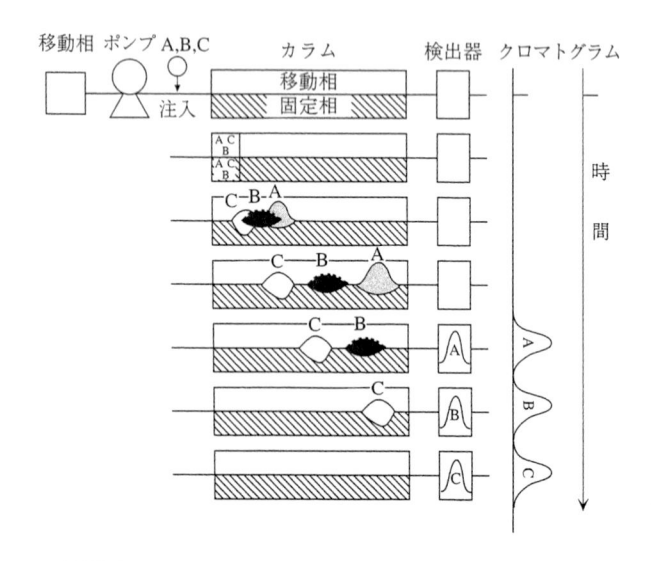

図 9-10 高速液体クロマトグラフィー（HPLC）による3成分 A, B, C の分離[39]

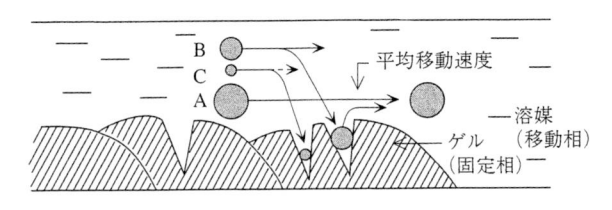

図 9-11 GPC の分離原理 (1)[39]

されている．GPC の分離パラメーターは分子サイズであり，溶質とゲル間で相互作用のない状態で分離される．

GPC による分離原理

ゲルの外の溶媒（移動相）はある流速で流れているが，ゲルの細孔中の溶媒は静止しているか，それに近い状態にある．ゲルの細孔より大きい分子 A は溶出し，小さい分子 B，C は細孔に拡散していくため遅く溶出し，最も小さい C 分子が最後になる（**図 9-11**）．

ところで，溶質成分 A がゲル内のすべての細孔より大きいとき，A の溶出容量を排除限界溶出容量 V_0 と呼ぶ．また，溶質成分 C がゲル内のすべての細孔より小さいとき，ゲル内の細孔を占める溶媒の体積を V_i とすると，C 成分の溶出容量は $V_0 + V_i$ の間の狭い領域で分離が行われる*（**図 9-12 (b)**）．

GPC で分離した A，B，C 成分の分子量は，分子量既知の標準試料を用いて作成した較正曲線から求まるようになっている（**図 9-12 (c)**）．

高分子の場合には，分子量分布の狭い一連の標準試料（ポリスチレン，ポリメタクリル酸メチルなど）が市販されている．これらの標準試料について GPC と他の方法で求めた分子量の値はよく一致している（**表 9-3**）．

GPC で求まる分子サイズは分子そのものの大きさではなく，溶媒和状態の分子の大きさに関係している．GPC の溶出液を記録したクロマトグラムにおいて，溶出容量（elution volume）V_e とその溶質成分の分子量 M の間には，式 (15) の関係がある．

$$\log M = A + BV_e \tag{15}$$

ここで，A，B は定数である．

GPC で求まる分子の大きさは真の分子量ではなく，溶媒和した分子の見かけの大きさである（**図 9-13**）．

ベノー（Benoit）は，このことを考慮した式 (16) を提案した．

$$\log [\eta][M] = \alpha + \beta V_e \tag{16}$$

---

* GPC 以外の HPLC では $V_0 + V_i$ よりずっと多い領域で分離が行われている．

(a) 試料の分離

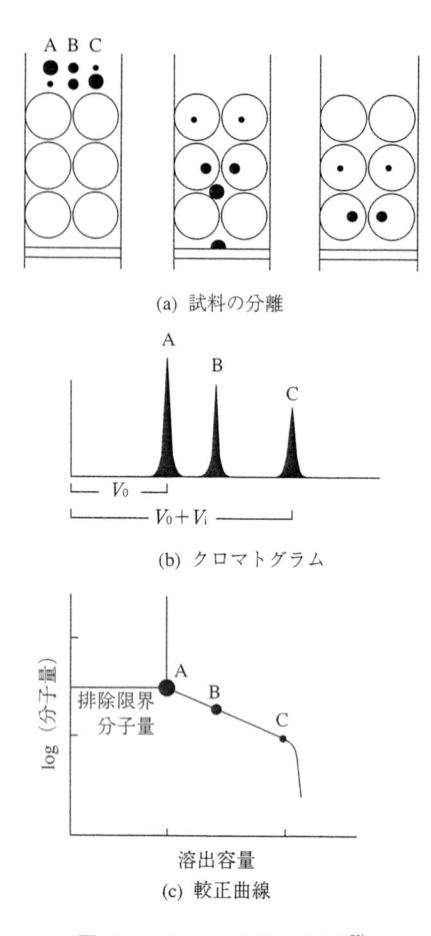

(b) クロマトグラム

(c) 較正曲線

図 9-12 GPC の分離原理 (2)[39]

表 9-3 GPC と他の方法による標準ポリスチレンの分子量の比較[39]

測定法	分　子　量
光散乱法	$\bar{M}_w = 1.26 \times 10^6$
	$\langle S^2 \rangle = 2.8 \times 10^{-11} \text{cm}^2$
粘度法	$[\eta]_\theta = 0.905 \text{ dL/g}$
	$\bar{M}_v = 1.25 \times 10^6$
G P C	$\bar{M}_w = 1.30 \times 10^6$
	$\bar{M}_n = 1.24 \times 10^6$
	$\bar{M}_w/\bar{M}_n = 1.05$

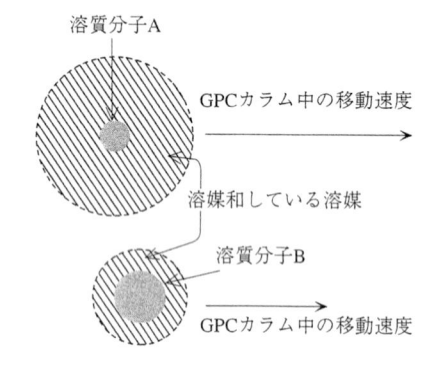

図 9-13 GPC の分離原理 (3)[39]
GPC では，分子そのものの大きさではなく，溶媒和した分子の大きさが分離に関係する．
溶媒和した分子の大きさ $\propto \eta \times$ 分子量

ただし，α，β は定数で，カラムと溶媒条件によってきまる．

GPC の溶出が分子の大きさできまることは，種々の高分子について $[\eta][M]$ を V_e に対してプロットした曲線（普遍較正曲線：universal calibration curve）からも認められる（**図 9-14**）．

なお，クロマトグラフィーの V_e 点の高さは，各溶質成分の濃度を表すので，クロマトグラフィーは**分子量分布曲線**でもある．

2-4-3　GPC のクロマトグラムからの分子量計算

GPC 測定により得られたクロマトグラムは，自動的にコンピューター処理され，分子量および分子量分布が求まるようになっている．これを手計算により説明する．

いま，**図 9-15** のようなクロマトグラムが得られると，較正曲線から各溶出容量 $V_{e,i}$ に対する高さ H_i，分子量 M_i，分子数に関する**表 9-4** が作成できる．式 (1), (2)

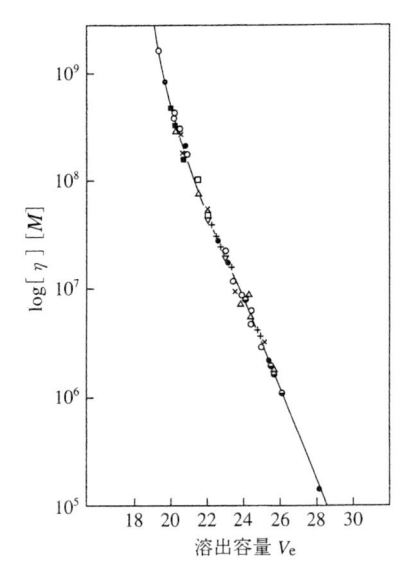

図 9-14 GPC普遍較正曲線[39]

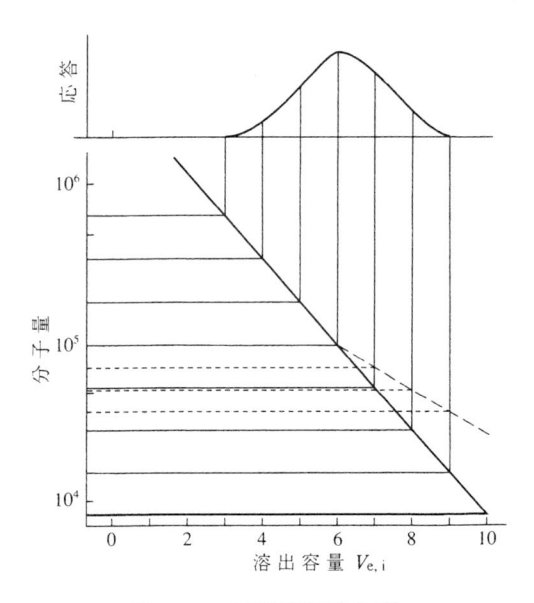

●：ポリスチレン (PS), ×：ポリメタクリル酸メチル (PMMA), ◐：ポリ塩化ビニル, ■：ポリフェニルシロキサン, □：ポリブタジエン, △：ブロックコポリマーを主鎖とするグラフトコポリマー (PS/PMMA), ○：PSくし形, ＋：PS星形, ▽：グラフトコポリマー (PS/PMMA) (Z. Grubisic, P. Rempp, H. Benoit: *J. Polym. Sci.*, **B5**, 757 (1967))

図 9-15 分子量計算例 (1)[39]

より

$$\bar{M}_n = \frac{92}{0.00131365} = 70034$$

$$\bar{M}_w = \frac{10141000}{92} = 110228$$

$$\frac{\bar{M}_w}{\bar{M}_n} = 1.574$$

表 9-4 分子量計算例 (2)

溶出容量 $V_{e,i}$	高さ H_i ($\propto N_i M_i$)	分子量 M_i	$H_i M_i$ ($\propto N_i M_i^2$)	H_i/M_i ($\propto N_i$)
3.0	0	6.4×10^5	0	0
4.0	5.0	3.5×10^5	1750000	0.00001429
5.0	20.0	1.8×10^5	3600000	0.00011111
6.0	32.0	1.0×10^5 (7.2×10^4)	3200000 (1728000)	0.00032000 (0.00033333)
7.0	24.0	5.4×10^4 (5.2×10^4)	1296000 (520000)	0.00044444 (0.00019231)
8.0	10.0	2.8×10^4 (3.7×10^4)	280000 (37000)	0.00035714 (0.00002703)
9.0	1.0	1.5×10^4 (－)	15000	0.00006667
10.0	0	8.0×10^3	0	0
合　計	92.0	－	10141000	0.00131365

が求まる.

2-4-4　低角度レーザー光散乱検出器 (LALLS)-GPC

GPCはきわめて優れた高分子の分子量測定方法であるが,

① 真の分子量を求めにくい (標準試料の換算値である).
② 分子量分布は真の分布より広い.
③ 吸着性の強い高分子では, 真の分子量, 分子量分布を反映しないクロマトグラムが得られる.

このような欠点を補うために低角度レーザー光散乱検出器 (LALLS) を用いた GPC が開発され, 普及している.

なお, 光散乱遠心法および超遠心法については割愛したが, 前著『入門 高分子科学』および巻末の専門書を参照されたい.

参　考　文　献

1. 大澤善次郎：「入門　高分子科学」裳華房（1996）
2. 石川　統ほか編：「ダイナミックワイド　図説生物－総合版」東京書籍（2004）
3. 鈴木　恕・毛利秀雄：「解明　新生物」文英堂（1983）
4. 水野丈夫・浅島　誠：「理解しやすい生物Ⅰ・Ⅱ－新課程版」文英堂（2004）
5. T.W. Graham Solomons・Craig B. Fryhle：「ソロモンの新有機化学　下」花房昭静・池田正澄・上西潤一訳，廣川書店（2002）
6. 宗宮　功・津野　洋：「水環境基礎科学」コロナ社（1997）
7. 土肥義治編集代表：「生分解性プラスチックハンドブック」生分解性プラスチック研究会編，エヌ・テイー・エス（1995）
8. 岩井美枝子：「リパーゼーその基礎と応用」幸書房（1997）
9. 片山将道：「高分子概論」日刊工業新聞社（1971）
10. 土田英俊：「高分子の科学」培風館（1975）
11. 高分子学会編：「高分子科学の基礎」東京化学同人（1978）
12. 鶴田禎二：「新訂　高分子合成反応」日刊工業新聞社（1976）
13. 大津隆行：「高分子合成の化学」化学同人（1968）
14. 瓜生敏之・堀江一之・白石振作：「ポリマー材料」材料テクノロジー16，東京大学出版会（1984）
15. 中浜精一・野瀬卓平・秋山三郎・讃井浩平・辻田義治・土井正男：「エッセンシャル高分子科学」講談社（1988）
16. 長谷川正木・西　敏夫：「高分子基礎科学」21世紀の先端科学をになう新化学教科書シリーズ，昭晃堂（1991）
17. 井上賢三・小国信樹・佐藤恒之・山下裕彦・岡本健一・落合　洋・安田　源：「高分子化学」朝倉書店（1994）
18. 荒井健一郎・石渡　勉・伊藤研策・北野博巳・功刀　滋・福田光宗・松岡秀樹・松平光男：「わかりやすい高分子化学」三共出版（1994）
19. 井本　稔：「高分子工学概論」高分子工学シリーズ，日刊工業新聞社（1974）

20. F. W. Billmeyer:「Textbook of Polymer Science」Wiley-interscience Pub. (1984)
21. 神戸博太郎 編:「高分子の熱分解と耐熱性」培風館 (1974)
22. 大澤善次郎:「高分子の劣化と安定化」武蔵野クリエイト (1992)
23. 大澤善次郎監修:「高分子材料の劣化と安定化」シーエムシー出版 (1990)
24. 吉田高年・伊沢康司・泉 有亮・岡本 弘・高瀬福巳・前川悦朗:「有機工業化学概論」培風館 (1983)
25. 塩川二郎・園田 昇・亀岡 弘:「工業化学－無機・有機・材料化学工業のエッセンス」化学同人 (1987)
26. 高分子学会 編:「入門 高分子材料－高度機能をめざす新しい材料展開」共立出版 (1986)
27. 竹本喜一・飯田 譲:「機能性プラスチックが身近になる本」シーエムシー出版 (2004),
28. 「先端材料応用事典」編集委員会 編:「先端材料応用事典」産業調査会事典出版センター (1990)
29. 日本化学会 編:「化学便覧 応用化学編」丸善 (1986)
30. 日本医療用プラスチック協会編:「医療技術を支える新材料－21世紀の"スパマテ"はこれだ」スーパーマテリアルシリーズ 4,化学工業日報社 (1989)
31. 片岡一則・岡野光夫・由井伸彦・桜井靖久:「生体適合性ポリマー」高分子新素材 one point 11,共立出版 (1988)
32. 今西幸男:「医用高分子材料」化学 One point 21,共立出版 (1986)
33. 堀口 博:「赤外吸光図説総覧－有機構造化学の基礎と実際」三共出版 (1977)
34. 小出直之・坂本国輔:「液晶ポリマー」高分子新素材 one point 10,共立出版 (1988)
35. 渡辺 啓:「物理化学」サイエンスライブラリ化学 11,サイエンス社 (1993)
36. 大澤善次郎監修:「高分子材料と複合材製品の耐久性」シーエムシー出版 (2005)
37. J. Brandrup・E. H. Immergut 編:「Polymer Handbook」John Wiley & Sons (1975)
38. 本宮達也監修:「"ファイバー"スーパーバイオミメティックス－近未来の新技術創成」アドバンスト・バイオミメティックスシリーズ 2,エヌ・ティー・エス (2006)
39. 東ソー(株):「GPC および GPC-LALLS 読本」東ソー(株) (1995)
40. 柏 典夫・斎藤純治:三井化学(株)資料,オルガテクノ 2007

41. 三谷 誠・藤田照典：化学と工業，**53**(6)，691 (2000)
42. 寺尾浩志：高分子，**55**(4)，279 (2006)
43. 古郡悦子：高分子，**55**(4)，290 (2006)
44. KURE JBC：技術講座（光ファイバー）http://www.kurejbc.com/technical/technical-3.htm
45. 日本分析化学会高分子分析研究懇談会 編：「高分子分析ハンドブック」朝倉書店 (2008)
46. Y. Iyenger・D.E. Erickson：*J. Appl. Polym. Sci.*, **11**, 2311 (1967)
47. 柴田健一・白井光義・井上 剛・赤木 雄：日本接着学会誌，**43**(4)，(2007)
48. 大岩正芳：化学，**14**，495 (1959)
49. 宮田清蔵：化学と教育，**34**(2)，134 (1986)

索　引

ア

アデノシン二リン酸
　（ADP）　25
アデノシン三リン酸
　（ATP）　24
アニオン重合　83, 84
アニオン性凝集剤　124
アミノ酸　43
アミロース　40
アミロペクチン　40
アルキッド樹脂　61

イ

イオン交換樹脂　119
イオン交換膜　121
イオン重合　83
イオン重合開始剤　84
一次構造　18
医療・医用機能　135

エ

エネルギーの流れ　2
液晶　152
エンジニアリングプラスチック　63
液相重合　95
エンタルピー　170, 172
エントロピー　170, 173

オ

応力緩和　161
応力緩和曲線　161
応力-ひずみ曲線　158
オリゴマー　9
折りたたみ（構造）　150, 152

カ

カードラン　54
開環重合　87
塊状重合　95
化学結合　9
化学的機能　119
化学的固定化法　127
架橋反応　103
核酸　47
カチオン重合　85
カチオン性凝集剤　124
ガラス転移温度　145, 156
環化反応　102
環境問題　112
還元粘度　189
眼内レンズ　136
官能性度　70
緩和時間　162

キ

生糸　50
気相重合　95
気体分離膜　123
キチン　36
絹　50
機能性高分子　119
機能性複合材料　134
希薄溶液　179
α-キモトリプシン　109
　——の三次構造　46
球晶　150
吸水性高分子　125
凝集エネルギー定数　175
凝集エネルギー密度　174
共重合組成曲線　82
共重合組成の理論的扱い　80
共重合体　79
極限粘度　189

ク

鎖延長反応　104
グラフト重合　101
クリープ　161
クリープ曲線　161
クロロメチル化ポリスチレン　99

索 引   199

ケ

血液透析　122
結晶化度　147
結晶領域　20, 148
ゲル化　70
ゲル効果　78
ゲルパーミエーションクロマトグラフィー（GPC）　190
懸濁重合　95

コ

抗血栓性　135
光合成のしくみ　24
高次構造　19
合成高分子　57
　　——の重合反応機構による分類　58
　　——の生成　57
合成天然ゴム　90
高速液体クロマトグラフィー（HPLC）　190
酵素の種類　112
酵素反応　108
高分子　9
　　——の一般的性質　15
　　——の概念　9
　　——の形態　148
　　——の結晶構造　146
　　——の構造解析　138
　　——の定義　9
　　——の反応　99
　　——の分子構造　18
　　——の分類　13
　　——の劣化と環境問題　112

高分子液晶　152
高分子球晶　150
高分子凝集剤　124
高分子固体
　　——の構造　138
　　——の性質　155
　　——の粘性　159
　　——の変形弾性　160
高分子触媒　125
高分子物質の循環　5
高分子溶液　166
　　——の概念　166
　　——の性質　166
固相重合　97
固定化酵素　125
混合熱　172
コンタクトレンズ　135

サ

サーモトロピック液晶　153
再生セルロース　41
酢酸セルロース　100, 121
酸化反応　105

シ

自己促進効果　78
示差熱分析　145
シシカバブ構造　152
自動酸化　105
自由エネルギー　171
集合体　9
重縮合　59
重付加　65
重量平均分子量　181
主鎖の切断　106
手術用縫合糸　136

硝酸セルロース　100
情報記録・伝達材料　133
シリコーン　62
人工血管　137
人工腎臓　122
浸透圧法　186

ス

数平均分子量　181

セ

生態系　1, 2
生体適合性　135
生物群集　1, 2
生分解性高分子　114
赤外分光分析　138
接着強度　176
セルロース　37
セルロース誘導体　41, 100

ソ

相互侵入高分子網目構造（IPN）　137
相対粘度　189
束一性　185
束一的測定法　185

タ

耐久性　12
第二ビリアル係数　187
耐熱性高分子　63
多孔性ポリマー粒子　128
脱離反応　103
多糖類　37
多分子性　17, 180
単結晶　149
炭酸同化作用　23

炭水化物　30
単糖類　33
タンパク質　43
　　──の生成　44
　　──の分類　45
　　──の立体構造　45

チ

遅延時間　163
逐次重合　58, 59
チグラー-ナッタ触媒　89
窒素同化作用　28
中性凝集剤　124

テ

定圧変化　170
定容変化　170
デオキシリボ核酸（DNA）　47, 50
デバイ-シェラー環　143
転移温度　145, 155
天然高分子　22
　　──の生成　22
　　──の由来　22
天然ゴム　42
デンプン　40
電子顕微鏡　149

ト

透析膜　122
動的損失弾性率　164
動的貯蔵弾性率　164
動的粘弾性　164
導電性高分子　130
動力学的連鎖長　77

ナ

内部エネルギー　169
ナイロン　59
ナノセルロース　56

ニ

乳化重合　96
尿素樹脂　67

ネ

熱安定性　12
熱可塑性樹脂　15
熱硬化性樹脂　15
熱重量分析　144
熱的性質　16
熱分解　105
熱分析　144
熱力学の第1法則　169
熱力学の第2法則　170
ネマチック構造　152
粘弾性　159
粘度平均分子量　182
粘度法　187

ハ

配位重合　59, 88
配位重合触媒　89
配位重合触媒の進歩　90
バイオセルロース　53
配向ポリエチレン　144
反応度　67

ヒ

光の波長とエネルギー　138
光ファイバー　133

光分解性高分子　114
微結晶　148
非晶領域　20, 116, 148
微生物産生高分子　53
微生物産生ポリエステル　54
引張り弾性力　159
引張り強度　158
ビニルモノマー　72
比粘度　189
貧溶媒　168, 187

フ

フェノール樹脂　66
フォークト模型　163
フォトレジスト（感光性樹脂）　132
付加重合　59, 71
付加縮合　58, 66
複素弾性率　164
房状ミセル構造　149
物理的機能　130
物理的固定化法　128
不飽和ポリエステル樹脂　62
プルラン　54
分解反応　104
分子運動　155
分子間力　9
分子鎖の広がり　179
分子量の測定方法　180, 184
分子量分布　183
分離膜　121

ヘ

平均分子量　180

ヘミセルロース 39

ホ

芳香族ポリアミド 64
ポリアクリロニトリル 103
ポリアミド 59
ポリイミド 64
ポリウレタン 65
ポリエーテルスルフォン 65
ポリエステル 61
ポリエチレン 10, 89
　——の結晶構造 148
ポリエチレンテレフタレート 61
ポリ塩化ビニル 103
ポリカーボネート 63
ポリカプロラクトン 117
ポリ-(シス-1,4-イソプレン) 90
ポリ乳酸 55
ポリ尿素 65
ポリ(3-ヒドロキシブチレート)(P(3HB)) 54
ポリビニルアルコール 101, 115
　——のアセタール化 102
ポリビニル-2-フェノチアジン 131
ポリビニルベンザルアセトフェノン 132
ポリフェニレンサルファイド 65
ポリブチレンテレフタレート 61

ポリプロピレン球晶 151

マ

マクスウェル模型 160
末端基定量法 184

ム

無機的環境 1, 3

メ

メタロセン触媒 93
メラミン樹脂 67

モ

木材 39
モノマー反応性比 82

ユ

有機EL 134
融点 145, 156

ヨ

溶液 166
溶液重合 97
溶解性 16
溶解性パラメーター 174
溶解の熱力学 171
溶解力 169
羊毛 52

ラ

ラジカル 71
ラジカル開始剤 72
ラジカル共重合 79
ラジカル重合 71
　——の動力学式 74
ラジカル重合機構 74

ラメラ 149, 151

リ

リオトロピック液晶 153
力学的性質 15
リグニン 39
リサイクル 113
理想溶液 166
立体規則性 19, 89
立体配座 18, 167
立体配置 18
リビングポリマー 85
リボ核酸 (RNA) 47, 50
良溶媒 168, 187

レ

レオロジー 160
連鎖移動 77
連鎖重合 59, 71

欧文,その他

ATP 24
ADP 25
DNA 47, 50
FI触媒 93
GPC 190
HPLC 190
IPN 137
P(3HB) 54
P(3HB-co-3HP) 55
RNA 47, 50
X線回折法 142
Z平均分子量 182
α-ヘリックス 45
β-シート 45

著者略歴

大澤 善次郎（おおさわ ぜんじろう）

昭和 30 年　3 月	群馬大学工学部応用化学科卒業
昭和 30 年　4 月	興人（株）富山研究所
昭和 37 年　6 月	米国ニューヨーク州立大学大学院修士課程修了
昭和 38 年 10 月	東京大学工学部教務員
昭和 39 年　6 月	群馬大学工学部講師
昭和 43 年　6 月	工学博士取得（東京大学）
昭和 44 年　2 月	群馬大学工学部助教授
昭和 57 年　9 月	群馬大学工学部教授
平成 4 年 4 月～平成 8 年 3 月	マテリアルライフ学会会長
平成 4 年　4 月	中国瀋陽化工学院名誉教授
平成 10 年　4 月	群馬大学名誉教授
平成 11 年　4 月～	足利工業大学客員研究員
平成 18 年 6 月～平成 21 年 3 月	群馬県立産業技術センター客員研究員

主な著書
　入門 高分子科学（1996，裳華房）
　化学英語の手引き（1999，裳華房）
　高分子の劣化と安定化（1992，武蔵野クリエイト）
　高分子の光安定化技術（2000，シーエムシー出版）
　高分子材料の長寿命化と環境対策（監修，2000，シーエムシー出版）
　高分子の寿命予測と長寿命化技術（監修，2002，エヌ・ティー・エス）
　ケミルミネッセンス－化学発光の基礎・応用事例（2003，丸善）
　高分子材料と複合材製品の耐久性（監修，2005，シーエムシー出版）
　高分子劣化・長寿命化ハンドブック（2011，丸善）　など

入門 新高分子科学

2009 年 6 月 10 日　第 1 版 1 刷発行
2022 年 3 月 10 日　第 1 版 5 刷発行

検印省略

定価はカバーに表示してあります．

著　者　大澤善次郎
発行者　吉野和浩
発行所　東京都千代田区四番町 8-1
　　　　電話　03-3262-9166（代）
　　　　郵便番号　102-0081
　　　　株式会社　裳　華　房
印刷製本　株式会社デジタルパブリッシングサービス

一般社団法人
自然科学書協会会員

JCOPY　〈出版者著作権管理機構 委託出版物〉
本書の無断複製は著作権法上での例外を除き禁じられています．複製される場合は，そのつど事前に，出版者著作権管理機構（電話 03-5244-5088，FAX 03-5244-5089，e-mail: info@jcopy.or.jp）の許諾を得てください．

ISBN 978-4-7853-3078-1

Ⓒ 大澤善次郎，2009　　Printed in Japan